마이 위시 플라워케이크

유하영 지음

비타북스

당신의 모든 날이 행복하길 바라지만
조금 더 특별하게 보냈으면 하는 하루가 있어요.

삶의 반짝이는 순간들, 그 곁에 아름답게 피어난
앙금플라워 떡케이크를 만나보세요.

My wish
Flowercake

PROLOGUE

오로지 떡 하나를 배우러 매일 반나절을 운전해 달려가던 시절이 있었어요. 어제는 바람떡 하나 배우고, 오늘은 호박설기 하나 배우고… 그렇게 다시 몇 시간을 운전해 집에 돌아오는 긴 여정이었지만 당시에는 전혀 힘들지 않았어요. 그저 매일 하나씩 떡을 배우는 것이 어찌나 신기하고 재미있던지요.

본격적으로 공방을 차리고 떡을 만들기 시작한 초반에는 장미 모양의 떡을 빚어 올린 떡케이크를 판매했어요. 꽃을 하나하나 손수 빚었기에 최소 서너 시간을 투자해야 겨우 케이크 하나를 완성했지요. 그래서 '어떻게 하면 더 빨리, 더 예쁜 떡케이크를 만들 수 있을까?'란 생각을 시작하게 되었고, 치열한 고민의 시간을 거쳐 설기 위에 앙금으로 꽃을 만들어 장식한 앙금플라워 떡케이크가 탄생하게 되었답니다.

한 시간 남짓이면 케이크 한 개가 뚝딱 완성되는 앙금플라워 떡케이크는 등장과 동시에 떡케이크 시장의 판도를 완전히 바꿔 놓았어요. 전국 각지의 내로라하는 떡 명인들부터 시작해 비행기를 타고 다른 나라에서 온 외국인들까지 앙금플라워 떡케이크를 배우러 오셨지요. 여전히 이어지고 있는 앙금플라워 떡케이크 열풍 덕분에 저 역시 약 5년 동안 쉼 없이 달려왔던 것 같아요. 지극히 개인적인 고민에서 시작된 하나의 아이디어가 현재 저뿐만 아니라 많은 이들의 직업이 되었고, 누구든지 보자마자 탄성을 지르며 행복해하는 케이크가 될 수 있어서 무척 뿌듯해요.

앙금플라워 떡케이크를 개발한 이후에도 어떻게 하면 더 아름답게 표현할 수 있을까 고민하며 다양한 조색을 시도하고, 예쁘게 플레이팅하는 방법을 연구하기 시작했어요. 새로운 앙금플라워 떡케이크를 완성할 때마다 사진을 찍어 인스타그램에 올렸는데, 국내뿐 아니라 해외에서도 많은 분이 사랑해주셔서 책을 출간하게 되었어요.

플라워케이크를 배우러 클래스에 오시는 분들은 대부분 소중한 날을 기념하는 마음을 한 송이 한 송이 꽃으로 피워내요. 그런 마음을 담아 특별한 날이 더욱 소중해지는 앙금플라워 떡케이크들로 책을 구성했어요. 소중한 날, 잊지 못할 선물이 되었다고 가장 많이 칭찬받은 17가지의 케이크 레시피를 담았답니다. 기념일의 성격에 맞게, 선물받는 사람의 취향에 맞게, 혹은 그저 평범한 날이어도 특별한 날로 만들어줄 수 있도록 그동안의 노하우를 살뜰히 챙겨 구성했어요.

작은 바람이 있다면, 앙금플라워 떡케이크가 반짝 유행하고 사라지는 먹거리가 아닌 지속되는 문화로 자리 잡는 것이에요. 이 책이 앙금플라워 떡케이크를 이미 알고 있는 분들에게는 자부심을 심어주고, 처음 접하는 분들에게는 "나도 만들어보고 싶어!"라는 예쁜 마음을 마구 솟아나게 해주길 바랍니다. 마지막으로 재미있게 일한다는 이유만으로 무한한 지원을 아끼지 않는 사랑하는 가족들, 이 일을 지속할 수 있도록 늘 곁에서 믿어주고 응원해주는 수강생들, 그리고 이 일을 함께 연구하는 든든한 동료들에게 감사를 전해요.

앙금플라워가 만개하는 사랑 가득한 5월에

유하영

CONTENTS

1
앙금플라워를 소개합니다

2

앙금플라워 떡케이크의 기본, 설기를 만들어요

3

작고 귀여운 케이크로 시작해요

작은 꽃 여러 송이로 만드는 컵케이크

아낌없이 피어난 백만 송이 장미 부케 케이크

큰 꽃 한 송이로 만드는 컵케이크

4

소중한 날을 축하해요

5

고마운 이들에게 선물해요

6
꽃잎마다 활짝 사랑이 피어나요

7
모임이 더욱 풍성해져요

앙금플라워
떡케이크를 만들기 전에
알아두세요

앙금플라워 도구

앙금플라워 떡케이크의 아름다움을 결정하는 것은 케이크 위로 탐스럽게 피어난 꽃이지요. 생화보다 정교하고 섬세한 앙금플라워를 만드는 데 필요한 도구들을 소개할게요. 처음 접하는 도구들이 많지만 한 번만 제대로 알아두면 쉽게 기억할 수 있어요. 이 도구들을 활용하여 나만의 아름다운 꽃을 피워보세요.

1 짤주머니

앙금을 담는 주머니로, 소재는 천과 비닐 두 종류가 있어요. 천으로 된 짤주머니가 짤 때 힘이 덜 들고 터질 위험도 없어요. 주로 12인치와 14인치를 사용해요.

2 커플러

짤주머니와 팁을 연결하는 역할을 해요. 커플러가 있으면 하나의 짤주머니로 팁만 교체하여 여러 가지 모양의 꽃을 만들 수 있어요. 보통 '소(小)' 크기를 써요.

3 팁

앙금을 원하는 모양으로 짤 때 필요한 도구예요. 팁의 번호에 따라 모양이 다르며, 국산 팁과 윌튼(wilton) 팁 두 종류가 있어요. 윌튼 팁을 사용하면 앙금을 더욱 섬세하게 표현할 수 있어요.

4 꽃가위

꽃을 네일에서 분리하여 케이크 위로 이동하고 위치를 잡을 때 사용해요.

5 실리콘 주걱

앙금과 색소를 섞을 때 사용해요. 앙금 조색 전용으로 나온 단단한 실리콘 주걱이 좋고, 크기별로 여러 개 준비하면 편리해요.

6 네일

꽃을 파이핑할 때 받침대로 사용해요. 네일의 회전 방향과 속도에 따라 다양한 모양의 꽃을 만들 수 있어요.

7 네일꽂이

꽃을 짠 네일을 꽂아두는 거치대예요. 꽃을 짜다가 중간에 세워둘 때 또는 보관할 때 요긴하게 쓰여요.

8 실리콘 매트

앙금커버링 기법에서 반죽을 밀대로 밀 때 바닥에 깔고 사용해요. 반죽이 바닥에 달라붙지 않고 잘 떨어지게 도와줘요. 사용할 때 쇼트닝 또는 오일을 바르거나 테프론 시트를 깔면 작업하기 편해요.

9 스크래퍼

앙금을 짤주머니 속으로 깔끔하게 밀 때 사용해요.

10 아크릴 덮개

앙금이 담긴 조색볼 위에 뚜껑처럼 덮어 앙금이 마르는 것을 방지하는 역할을 해요. 투명 덮개를 사용하면 앙금의 색을 바로 확인할 수 있어 좋아요.

11 마지팬

앙금오브제 기법에서 꽃잎을 얇게 펼쳐 생화처럼 표현할 수 있게 도와주는 역할을 해요.

12 커터

앙금오브제 기법에서 반죽을 원하는 모양으로 찍어내는 도구예요. 수국 커터, 장미 커터 등 다양한 모양이 있어요.

13 조색볼

조색할 때 앙금과 색소를 담고 섞는 용도로 사용해요. 볼이 흰색이기 때문에 조색한 색을 더욱 정확하게 볼 수 있어요.

14 밀폐 용기

파이핑한 꽃을 보관할 때 사용해요. 꽃을 밀폐 용기에 넣고 냉장 또는 냉동 보관한 뒤 필요할 때 꺼내 사용하면 언제든 촉촉한 식감의 앙금플라워를 맛볼 수 있어요.

CAKE DECO.

12 " -30CM

MADE IN KOREA

설기 찌는 도구

설기를 만들 때 필요한 도구들을 소개할게요. 이 도구들만 있으면 집에서도 맛있는 설기를 맛볼 수 있답니다.
도구의 이름과 사용법을 제대로 알아야 쉽고 편리하게 만들 수 있으니 잘 기억해두세요.

1 찜기

설기를 만들 때 멥쌀가루를 넣어 찌는 도구예요. 대나무 찜기와 스테인리스 찜기 두 종류를 주로 사용합니다. 다양한 크기가 있으며 지름 25cm는 무스링 1~2호에, 지름 30cm 찜기는 무스링 3~4호에 알맞아요. 대나무 찜기는 수분 흡수력이 좋아 물이 맺히지 않고 설기의 수분을 오래 지속시켜요. 스테인리스 찜기는 위생적이지만 뚜껑에 물이 고여 설기에 떨어지기 때문에 뚜껑을 항상 면보로 감싸야 해요.

2 무스링

멥쌀가루의 모양을 잡아주는 틀로 주로 원형 무스링과 사각 무스링을 사용해요. 지름 15cm, 높이 7cm 크기의 원형 무스링을 가장 대중적으로 사용하며 호수별로 다양한 크기와 모양이 있어요.

3 실리콘 몰드

컵케이크 모양의 설기나 어레인지할 때 쓰는 작은 설기를 만들 때 사용해요. 설기가 실리콘에 붙지 않아 쉽게 떼어낼 수 있어 편리해요.

4 볼

분량의 재료를 섞고 반죽을 하거나 체에 내리는 등 여러 용도로 사용하기 때문에 다양한 크기의 볼을 가지고 있으면 좋아요. 집에 있는 중간체의 크기와도 잘 맞는지 확인해요.

5 중간체

멥쌀가루나 고물처럼 입자가 굵은 가루를 체에 곱게 내릴 때 사용하는 도구예요.

6 김올라

인덕션을 사용하는 경우 반드시 스테인리스 소재의 냄비를 써야하기 때문에 양은 소재의 물솥은 사용할 수 없어요. 이때 양은 물솥을 대체하기 위해 스테인리스 냄비 위에 김올라를 올리고 설기를 찝니다.

7 물솥

밑이 깊은 양은 소재의 솥으로 물을 팔팔 끓인 후 설기를 올려 찔 때 사용해요. 입구 둘레에 넓은 받침이 있어서 찜기를 올렸을 때 김이 새어나가지 않아요.

8 돌림판

멥쌀가루의 표면을 매끄럽게 정리할 때와 아이싱할 때 찜기나 케이크 밑에 놓고 돌리면서 사용해요.

9 스크래퍼

무스링에 담긴 멥쌀가루의 윗면을 깔끔하게 정리할 때 주로 사용해요.

10 떡 장갑

뜨거운 찜기를 잡을 때나 갓 쪄낸 설기를 옮길 때 손이 데지 않도록 해줘요. 장갑 안쪽에 천이 덧대어 있어 일반 고무장갑보다 안전해요.

11 뒤집개

찜기에서 설기를 꺼내어 접시나 케이크 판으로 옮길 때 사용하는 넓고 납작한 플라스틱 접시예요.

12 시루밑

찜기 바닥에 깔아 멥쌀가루가 밑으로 떨어지지 않게 받쳐줘요. 예전에는 면보를 주로 사용했지만 요즘에는 관리하기 쉽고 위생적인 실리콘 시루밑을 많이 써요.

계량 도구

계량컵과 계량스푼, 저울 등의 계량 도구를 이용하면 정확한 양으로 더욱 맛있는 설기를 만들 수 있어요. 집에 계량 도구가 없다면 간편하게 종이컵과 숟가락을 활용해도 된답니다. 이 책에서는 컵과 숟가락으로 계량했으며, 정확한 양이 필요한 경우 g 또는 mL로 표기했어요. 온도계와 타이머는 없어도 무방하지만 가지고 있으면 유용한 도구이므로 함께 소개할게요.

1 계량컵
가루나 액체의 정확한 양을 잴 때 사용해요. 다양한 크기가 있어 용도에 맞게 골라 쓰면 된 답니다. 이 책의 1컵은 200mL를 뜻하며 계량컵이 없다면 종이컵으로 대체해도 좋아요.

2 계량스푼
물과 설탕 등 소량으로 들어가는 재료의 양을 정확하게 잴 수 있어요. 이 책에서의 큰술은 15mL를, 작은술은 5mL를 의미해요.

3 타이머
설기를 찌고 뜸을 들일 때 정확한 시간을 재기 위해 사용해요.

4 디지털 핀 온도계
물 온도나 반죽 온도를 잴 때 사용해요. 끓는 물에 집어넣거나 반죽에 직접 꽂아 온도를 잴 수 있어요.

5 적외선 온도계
온도계에 내장된 적외선 센서로 온도를 감지해요. 직접 표면에 닿지 않고도 온도를 측정할 수 있어 위생적이며 조리 중에 빠르게 온도를 잴 수 있어 편리해요.

6 전자저울
재료의 무게를 정확히 잴 때 사용해요. 종류로는 아날로그 저울과 디지털 저울 두 가지가 있어요. 주로 사용하는 용량에 따라서 저울이 잴 수 있는 최대 측정량을 확인하고 구입하는 것을 추천해요.

멥쌀과 찹쌀 구별하기

앙금플라워 떡케이크의 기본이라고 할 수 있는 설기는 멥쌀로 만들어요. 멥쌀로 만들면 질감이 단단해져 앙금
플라워를 든든하게 받쳐주거든요. 반면 찹쌀로 만든 설기는 일정한 모양을 잡기 힘들고 앙금플라워의 무게를
견디지 못하기 때문에 떡케이크로 활용하지 않아요.

낱알 상태에서는 멥쌀과 찹쌀을 한눈에 구별할 수 있어요. 멥쌀은 낱알이 길고 반투명한 흰
색을 띠고 있어요. 찹쌀은 멥쌀보다 낱알이 짧고 둥글며 불투명한 흰색이에요.

하지만 가루 상태에서는 멥쌀과 찹쌀을 구별하기가 무척 어려워요. 표시해 놓지 않아 구별하기 힘들 때는 상처에 바르는 '빨간약'으로 잘 알려진 요오드 용액을 사용하면 돼요.

멥쌀   찹쌀

요오드 용액을 떨어뜨린 후 변한 색의 차이가 느껴지나요? 검은색으로 변한 쪽이 멥쌀이고, 색이 변하지 않아 그대로 붉은색을 띤 쪽이 찹쌀이에요. 멥쌀에 들어 있는 아밀로오스와 반응하면 붉은색의 요오드 용액은 검은색으로 변한답니다. 찹쌀을 구성하는 전분에는 아밀로오스가 없어 요오드 용액의 색이 변하지 않아요.

멥쌀가루 만들기

멥쌀가루를 준비할 때는 직접 방앗간에 가서 멥쌀가루를 빻아오는 방법과 이미 빻아진 멥쌀가루를 사는 방법이 있어요. 온라인으로 주문하면 빻자마자 급속 냉동한 멥쌀가루를 받을 수 있는데, 간편하고 품질도 나쁘지 않지만 가격이 비싸요. 그래서 조금 손이 가더라도 방앗간에 가서 빻아오는 방법을 추천해요. 생각보다 쉬워 충분히 해볼 만할 거예요.

tip__
여름에는 4시간 이상 불리면 멥쌀이 상할 수 있으니 주의해요. 겨울에는 12시간까지 불려도 괜찮아요.

| |
| 1 |
| 2 | 3 |

1 멥쌀을 흐르는 물에 깨끗이 씻어 이물질을 제거해요.

2 볼에 깨끗이 씻은 멥쌀을 넣고 멥쌀이 잠길 만큼 충분히 물을 부은 뒤 여름에는 4시간, 겨울에는 7~8시간 동안 불려요.

3 또 다른 볼에 중간체를 올린 뒤 불린 쌀을 담고 30분 동안 두어 물기를 제거해요.

tip__

멥쌀가루에는 수분이 많이 들어 있어 실온에 두거나 냉장 보관하면 상하기 쉬워
요. 빻아온 멥쌀가루는 1회 사용할 만큼씩 나눠 담은 뒤 반드시 냉동 보관해요.
사용할 때에는 3~4시간 전에 꺼내어 실온에 두거나, 하루 전날 냉장실로 옮겨 자
연 해동한 후 쓰세요.

4 5 6
7

4 물이 흐르지 않도록 중간체 밑에 볼을 받친 채로 방앗간에 가져가요.

5 설기용으로 멥쌀을 빻을 때는 총 두 번에 걸쳐 빻아요. 첫 번째는 소금을 넣고
   빻아요. 이때 소금의 양은 가져간 쌀 무게의 1% 정도가 적당해요.

6 두 번째는 물을 약간 넣고 빻아요.

7 빻아온 멥쌀가루는 밀폐 용기나 지퍼백에 나눠 담고 냉동실에 보관해요.

설기 옮기기

설기를 찌고 나서 바로 도구나 손으로 들어 올리면 설기의 모양이 망가지기 쉬워요. 찜기 채로 케이크 판이나 접시에 엎으면 설기의 울퉁불퉁한 면이 위로 올라와서 예쁘지 않지요. 이때 뒤집개를 사용하면 깔끔하고 예쁘게 설기를 옮길 수 있어요. 뒤집개가 없다면 집에 있는 넓은 쟁반으로 대체해도 좋아요.

1	2
3	4
5	6

1 완성한 설기가 들어 있는 찜기 위에 뒤집개를 덮고 양손으로 동시에 잡아요.

2 찜기를 빠른 속도로 뒤집어요.

3 뒤집힌 찜기를 빼고 시루밑을 떼어내요.

4 설기를 담을 케이크 판이나 접시를 설기 위에 올려요. 이때 설기의 중심과 케이크 판의 중심을 잘 맞춰요.

5 한 손으로 케이크 판을 누른 채 다시 빠른 속도로 뒤집어요.

6 뒤집개를 천천히 떼어내요.

무스띠 두르기

앙금플라워를 설기 위로 올리는 동안 설기의 옆면이 바싹 마르면 보기에 좋지 않고 먹을 수도 없게 돼요. 이럴 때는 설기가 마르는 것을 막기 위해 얇은 투명 필름인 무스띠로 설기의 옆면을 둘러요.

1 한 김 식힌 설기의 옆면에 무스띠를 두르고 둘레에 맞게 잘라요.
2 설기가 식으면 무스띠와 설기 사이에 간격이 생기므로 무스띠를 최대한 당겨 감아요.
3 무스띠의 끝을 스티커나 테이프로 고정해요.

1
2
3

*tip*__
지름 7cm의 설기에는 길이 5.5cm 정도의 무스띠가 알맞아요.

설기 보관하기

설기는 찌고 나서 바로 먹는 것이 가장 맛있어요. 그렇지만 앙금플라워를 올려 케이크를 만드는 시간을 고려하면 바로 먹을 수 없는 경우가 더 많지요. 설기는 만든 뒤 6시간 정도가 지나면 서서히 굳기 시작해요. 이렇게 시간이 흐르면서 설기가 굳는 현상을 '노화'라고 해요. 이때 설기의 노화를 최소화하여 오랫동안 맛있는 설기를 먹을 수 있는 보관법을 알려드릴게요.

설기의 노화는 3~5도에서 가장 두드러지기 때문에 냉장실에 보관하지 않아요. 완성된 설기는 랩에 싸거나 밀폐 용기에 넣어 실온(18~23도)에서 보관하는 것이 가장 좋아요. 장소는 직사광선이 들어오지 않는 식탁 위가 적당해요.

설기는 한 번 얼렸다가 해동하면 원래의 질감과 비슷하게 돌아온답니다. 따라서 당장 먹지 않거나 먹다가 남은 설기는 냉동실에 넣어 보관해요. 해동할 때에는 랩핑한 채로 전자레인지에 1분 정도 돌리거나 찜기에 넣어 15분 동안 찌면 다시 따끈따끈하고 부드러운 설기를 먹을 수 있어요.

자주 쓰는 용어 알기

앙금플라워 떡케이크를 처음 접하는 분들은 생소한 용어 때문에 이해하기가 힘들 수 있어요. 수업에 참여하는 학생들도 "그건 무슨 뜻이에요?"라고 다시 묻는 경우도 많답니다. 그래서 이 책에 자주 나오고, 많이 어려워하는 용어를 꼼꼼하게 정리했어요. 앙금플라워 떡케이크뿐만 아니라 떡과 플라워케이크 분야에서 두루 쓰이는 용어니 미리 알아두면 유용할 거예요.

1 **물주기** 설기는 멥쌀가루에 일정량의 물을 첨가하여 만들어야 해요. 물 대신 과즙이나 퓌레 등 수분이 있는 재료로 대체해도 좋답니다. 이렇게 설기를 만들 때 수분을 첨가하는 과정을 '물주기'라고 해요.

2 **칼금을 새기다** 무스링에 쌀가루를 담은 상태에서 설기를 자를 위치에 등분선을 미리 새기는 것을 말해요. 이 과정을 거치면 설기가 익고 나서 놀라울 정도로 깔끔하게 잘려요. 이때 칼끝이 바닥에 닿을 정도로 멥쌀가루를 깊이 자르는 것이 중요해요.

3 **파이핑(piping)** 짤주머니에 앙금을 넣고 짜서 앙금플라워를 만드는 과정을 말해요. 이 책에서 '짜다'와 '파이핑하다'는 같은 의미예요.

4 **어레인지(arrange)** 앙금플라워를 설기 위에 올리고 배열하는 모든 과정을 뜻해요.

5 **조색하다** 무색의 앙금에 색을 입히는 과정을 말해요. 주로 천연가루나 식용색소를 이용해 색을 내지요. 앙금플라워 떡케이크의 아름다움은 조색으로부터 시작하므로 매우 중요한 과정이에요.

6 **아이싱하다** 설기 표면에 크림이나 앙금을 덧바르는 과정이에요. 앙금플라워 떡케이크의 아이싱은 주로 앙금을 사용합니다. 아이싱은 수분이 날아가는 것을 방지하기 때문에 설기의 촉촉함을 오래 유지할 수 있어요. 아이싱 컬러에 따라 색다른 느낌의 케이크를 만들 수도 있답니다.

7 **김이 오른다** 물이 펄펄 끓을 때 수증기가 올라오는 것을 말해요. 주로 설기 찌는 과정을 설명할 때 많이 사용하는 용어예요. 보통 떡을 안칠 때 '김 오른 찜기에 올린다'라고 하는데, 물이 끓으면 찜기를 물솥 위에 얹는다고 생각하면 돼요.

8 **뜸 들이다** 밥을 짓고 나서 불을 끄고 잠시 기다리면 더욱 맛있는 밥을 먹을 수 있듯 설기도 마찬가지예요. 25~30분 동안 센 불에서 찐 후 불을 끄고 5~10분 동안 그대로 두면 잔열로 인해 완전히 익지요. 이렇게 불을 끄고 남은 열로 익히는 과정을 '뜸 들이다'라고 해요.

9 **체에 내리다** 보통 '체에 내린다'라고 하면 가루를 체에 놓고 통과시켜 입자를 고르게 만드는 과정을 의미하는데, 설기를 만들 때 체에 내리는 과정은 멥쌀가루에 물주기를 한 후 잘 섞이게 하는 과정까지 포함해요. 그래서 체를 흔들지 않고 손으로 멥쌀가루를 눌러가며 체에 내리지요. 이때 손바닥과 체의 면이 완전히 닿게 하여 힘주어 문지르듯 눌러요.

알면 알수록 매력적인 앙금플라워의 세계에 오신 것을 환영해요.
그저 바라보기에 예쁜 꽃, 먹을 수 있는 꽃이라고만 생각했다면
이번 기회를 통해 새롭게 알아보는 시간이 되길 바라요.

앙금 만들기

고구마앙금, 적앙금, 통팥앙금, 완두앙금, 호박앙금, 백앙금 등 앙금은 그 종류도 무척 다양하답니다. 앙금플라워 떡케이크를 만들 때는 흰콩으로 만들어진 백앙금을 사용해요. 천연가루를 넣어 조색했을 때 색이 가장 잘 드러나기 때문이지요. 지금부터 아름다운 색감의 앙금플라워를 만들기 위해 꼭 알고 넘어가야 할 앙금에 대해 알려드릴게요.

기본 앙금
만들기

앙금플라워를 만들 때는 보통 시중에 나와 있는 춘설앙금이나 백옥앙금을 사용해요. 춘설앙금은 백옥앙금보다 단단하기 때문에 물이나 휘핑크림을 섞어서 부드럽게 풀어준 뒤 써야 하지요. 이 책에서 사용하는 모든 앙금은 춘설앙금에 휘핑크림을 섞었답니다. 쓰고 남은 앙금은 밀봉한 뒤 3일 정도 냉장 보관해요.

재료 ingredients

춘설앙금 1kg
휘핑크림 4큰술

1 볼에 분량의 재료를 넣어요.
2 핸드믹서를 가장 느린 속도로 30초 동안 휘핑하여 재료를 골고루 섞어요.

tip__
휘핑크림의 양을 늘리면 앙금의 색이 더욱 하얗게 변하고 질감도 훨씬 부드러워져요.

| 1 | 2 |

흰강낭콩으로
앙금 만들기

흰강낭콩을 삶아 앙금을 만들어보세요. 시중에 나와 있는 앙금이 너무 달게 느껴졌다면 설탕의 양을 조절하여 직접 앙금을 만드는 것이 좋아요. 앙금이 유통되지 않는 나라에서 수업할 때는 항상 흰강낭콩으로 앙금을 만들어 사용한답니다.

재료 ingredients

마른 흰강낭콩 1컵
물엿 2⅔큰술
설탕 2⅔큰술
소금 약간

1 흰강낭콩을 흐르는 물에 깨끗이 씻은 후 8시간 이상 물에 담가 불려요. 여름에는 물에 담근 흰강낭콩을 용기째 밀봉하여 냉장실에 넣고 하루 동안 불려야 콩이 상하지 않아요.

2 불린 흰강낭콩의 껍질을 손으로 떼어낸 뒤 물에 3~4번 헹구어 껍질을 완전히 제거해요. 냄비에 껍질을 제거한 콩과 물을 넣고 중불에서 30분 동안 끓여요.

3 볼에 중간체를 올리고 삶은 흰강낭콩을 부은 뒤 주걱으로 문지르듯 누르며 곱게 내려요. 믹서기로 곱게 갈아도 좋아요.

4 냄비에 곱게 내린 흰강낭콩, 물엿, 설탕, 소금을 넣고 주걱으로 고루 섞으며 중불에서 3~5분 동안 끓여 수분을 날려요. 설탕은 기호에 맞게 양을 조절해 넣어요.

1	2
3	4

천연
가루

앙금을 조색할 때 가장 많이 사용하는 10가지의 천연가루를 소개할게요. 시중에서 구하기 쉽
고 소량만 넣어도 선명한 색이 나오는 대표적인 천연가루랍니다. 이 정도만 갖춰 놓으면 조합
하여 어떤 색이든 다양하게 만들 수 있어요.

쑥

블랙코코아

백년초

단호박

황치자

비트

녹차

클로렐라

청치자

코코아

앙금
조색

기본 앙금에 천연가루를 넣어 원하는 색을 만드는 과정을 조색이라고 해요. 앙금플라워의 색
감 한 끗 차이가 케이크의 비주얼을 좌우하기 때문에 무척 중요한 과정이지요. 조색할 때는
정확한 양을 넣고 한 번에 완성하는 것이 아니라 그때그때 색을 보며 만드는 것이기 때문에
대략적인 양과 비율을 제시했어요.
앙금 2큰술(30g) 기준 천연가루 1작은술(5g)로 계량했어요. 비율로 생각해도 무방하고 실제
레시피에서는 비율로 적었으니 참고하여 원하는 색을 만들어보세요.

진한 빨간색 = 비트 1

밝은 빨간색 = 비트 1 + 단호박 2

다홍색 = 비트 1 + 단호박 3

주황색 = 비트 0.5 + 단호박 3

노란색	=	단호박 1
진한 노란색	=	황치자 1
민트색	=	청치자 0.1 + 클로렐라 0.1
연두색	=	녹차 1
초록색	=	클로렐라 1
진한 초록색	=	쑥 1

*tip__
원하는 색이 나올 때까지 가루를 소량씩 넣어가며 만드는 것이 중요해요. 색이 생각했던
것보다 진하면 앙금을 더 넣어 색을 맞추면 돼요.

파란색 = 청치자 1

분홍색 = 백년초 1

보라색 = 청치자 1 + 백년초 1

와인색 = 청치자 1 + 비트 2

갈색 = 코코아 1

진한 갈색 = 블랙코코아 1

회색 = 청치자 0.1 + 코코아 0.1

검은색 = 청치자 1 + 코코아 1

파이핑 준비하기

예쁘게 색을 입혀 앙금을 만들었다면 이제 본격적으로 꽃을 피울 준비를 해야겠
지요. 앙금플라워 떡케이크를 처음 만드는 분들도 차근차근 따라할 수 있도록 짤
주머니에 팁을 끼우는 방법부터 앙금을 넣고 짤주머니를 잡는 방법, 파이핑에 따
른 팁의 각도까지 실패 없는 파이핑을 위한 모든 노하우를 담았어요.

짤주머니에
팁 끼우기

짤주머니에 팁을 바로 끼우면 같은 색의 앙금을 사용하더라도 팁의 종류마다 짤주머니를 하나씩 따로 만들어야 해요. 하지만 짤주머니와 팁을 연결하는 도구인 커플러를 먼저 끼우면 팁만 갈아 끼워 사용할 수 있어 무척 편리하답니다.

1 짤주머니를 벌리고 커플러를 속으로 집어넣어요.
2 커플러의 끝이 짤주머니 입구 밖으로 튀어나오도록 끝까지 밀어 넣어요.
3 커플러의 끝에 사용할 팁을 돌려 끼워요.
4 팁이 빠지지 않도록 단단히 고정해요.

|1|2|
|3|4|

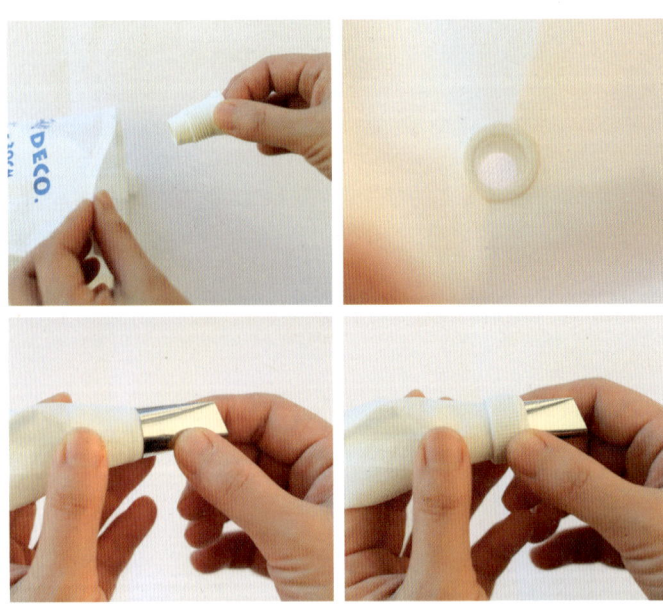

짤주머니에
앙금 넣기

보통 짤주머니를 뒤집어 깐 뒤 앙금을 넣는 경우가 많아요. 그렇게 넣으면 앙금이 금방 마르면서 바닥에 떨어져 지저분해져요. 그러데이션을 위해 두 가지 이상의 앙금을 넣으면 색이 섞일 수도 있지요. 앙금을 촉촉한 상태로 유지하면서 짤주머니에 깔끔하게 넣는 방법을 알려드릴게요.

1 양손으로 짤주머니를 잡고 완전히 벌려요.
2 앙금을 주걱에 길게 담아요.
3 주걱의 끝이 짤주머니 속의 커플러까지 닿도록 한 번에 힘주어 넣어요.
4 한 손으로 짤주머니를 잡고 아래로 쓸어내리며 주걱을 위로 빼요.

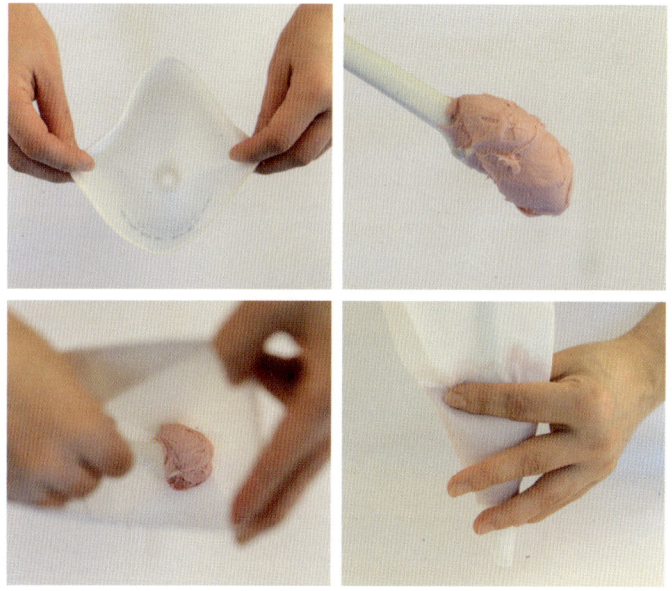

|1|2|
|3|4|

그러데이션을 위한 앙금 넣기

1 팁의 얇은 부분이 위쪽으로 오도록 짤주머니를 눕혀요.
2 짤주머니 윗부분에 들어가는 앙금이 꽃잎의 바깥쪽 부분을 만들어요. 원하는 색의 앙금을 짤주머니에 넣어요.
3 스크래퍼로 앙금을 위쪽으로 밀어 일정한 두께가 되도록 정리해요.
4 짤주머니를 벌리고 아랫부분에 꽃잎의 안쪽 부분을 만들 앙금을 넣어요. 스크래퍼로 앙금을 한쪽으로 모아 정리해요.

| 1 | 2 | 3 |
| 4 | | |

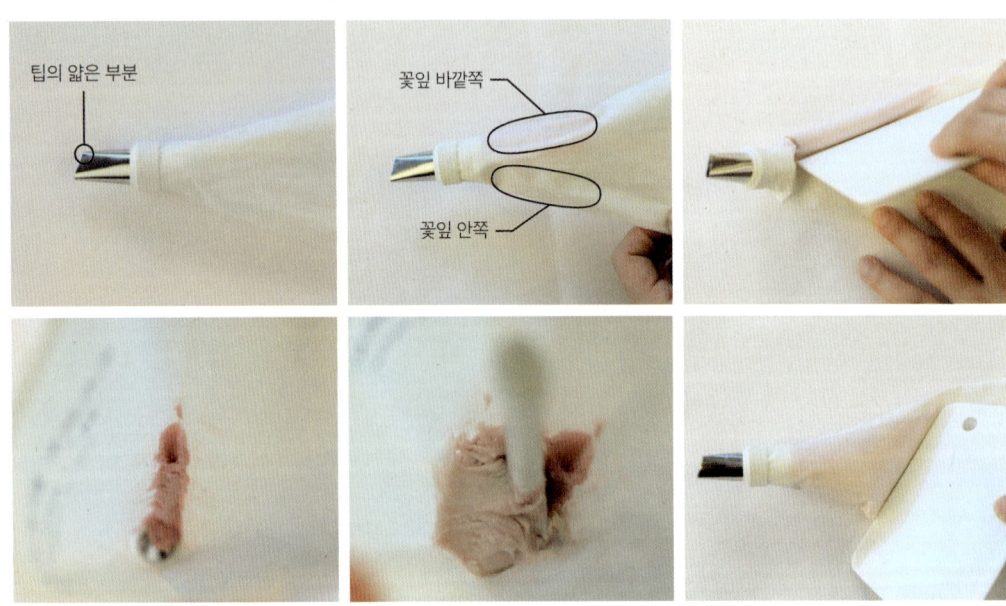

팁의 얇은 부분

꽃잎 바깥쪽

꽃잎 안쪽

짤주머니
잡기

앙금은 버터크림이나 생크림보다 훨씬 단단하기 때문에 다섯 손가락을 모두 사용해 짤주머니를 짜요. 제대로 잡고 짜야 앙금이 짤주머니 위쪽으로 삐져나오지 않아요.

1 엄지와 검지로 짤주머니를 힘주어 쓸어내려 앙금을 아래쪽으로 모아요.
2 앙금이 없는 짤주머니 위쪽은 엄지에 한 바퀴 둘러 감아요.
3 네 손가락으로 앙금이 모인 부분을 감싸듯 잡아요.

| 1 | 2 | 3 |

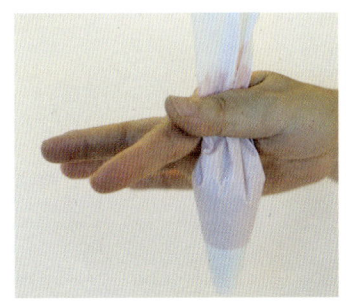 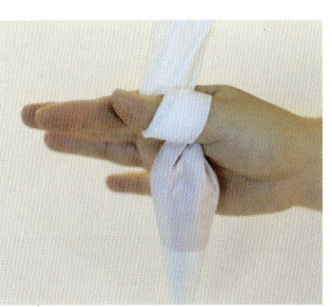 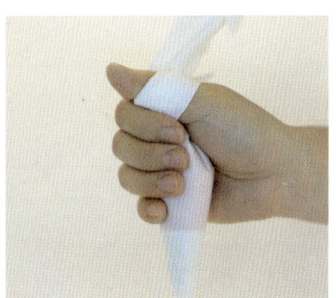

팁의 각도

앙금플라워를 만들 때 팁의 각도는 주로 시계 방향으로 설명해요. 이때 짤주머니를 잡은 '나'는 시계의 중심에 있다고 생각해요. 팁의 각도와 방향에 따라서 다양한 꽃잎이 만들어지므로 반드시 숙지하세요.

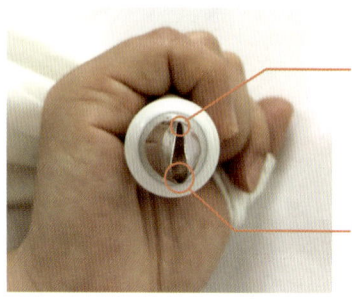

팁의 얇은 부분

팁의 굵은 부분

**짤주머니를 잡고 있을 때
팁의 각도**
---

1 팁의 얇은 부분이 12시 방향을 봅니다.
2 팁의 얇은 부분이 11시 방향을 봅니다.
3 팁의 얇은 부분이 1시 방향을 봅니다.
4 팁의 얇은 부분이 2시 방향을 봅니다.

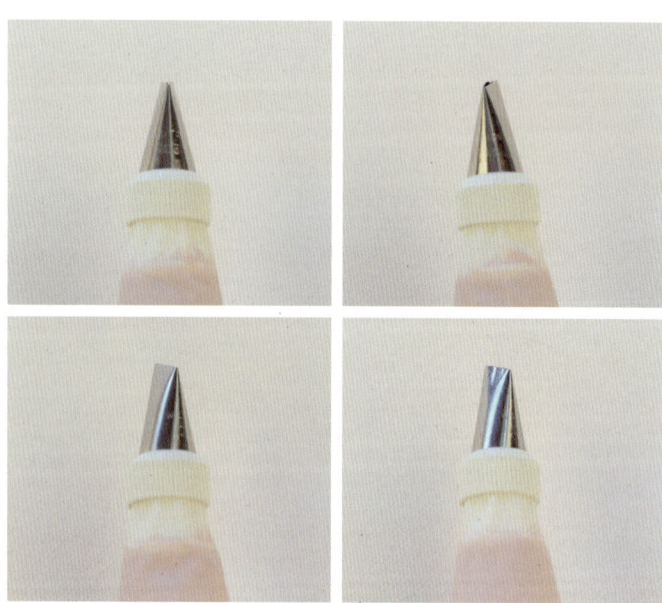

1	2
3	4

네일 위에서의 팁의 각도

1 팁을 네일에 대고 눕혀 잡아요.

2 팁의 굵은 부분을 네일에 대고 수직으로 세워 잡아요.

3 팁의 굵은 부분을 네일에 대고 80도로 세워 잡아요.

4 팁의 굵은 부분을 네일에 대고 70도로 세워 잡아요.

5 팁의 굵은 부분을 네일에 대고 45도로 세워 잡아요.

6 팁의 얇은 부분이 10시 방향을 봅니다.

7 팁의 얇은 부분이 12시 방향을 봅니다.

8 팁의 얇은 부분이 1시 방향을 봅니다.

1	2	
3	4	5
6	7	8

tip__

이때 팁의 얇은 부분은 네일에 닿지 않
아야 해요.

꽃가위
사용하기

꽃가위의 영어 이름은 'Flower Lifter'예요. 말 그대로 앙금플라워를 옮기고 고정시키는 도구랍니다. 꽃가위는 항상 벌린 상태로 사용하는데, 그래야 앙금플라워 밑부분의 앙금이 케이크에 닿아서 고정할 수 있어요.

1 꽃가위를 앙금플라워의 지름 크기 정도로 벌려요.
2 벌린 꽃가위를 앙금플라워의 밑부분에 끼운 뒤 살짝 오므려 잡아요.
3 꽃가위를 옆으로 밀어 네일에서 앙금플라워를 떼어내요. 이때 다른 손으로 네일을 함께 돌리면 앙금플라워가 쉽게 떨어져요.
4 앙금플라워를 원하는 위치에 놓은 뒤 꽃가위를 바닥과 수평 각도를 유지하며 당겨 빼요.

1	2
3	4

앙금플라워
기본 파이핑

가장 처음 앙금플라워를 짤 때 기억해 두어야 할 기본 파이핑 방법을 소개할게
요. 작고 동그란 도트부터 케이크에 달콤한 매력을 더해 줄 귀여운 베리와 리얼
한 나뭇잎까지! 앞으로 앙금플라워 떡케이크를 만들면서 수없이 활용하게 될 기
본 중의 기본이니 미리 연습해보세요.

도트 만들기

큰 도트 만들기

tip number : 6번
조색 : 연두색(녹차)

1 6번 팁을 수직으로 세워 잡은 뒤 바닥에서 1cm 정도 간격을 띄워요.
2 앙금이 팁 높이까지 올라오도록 힘주어 짜요.
3 손에 힘을 완전히 빼면서 팁을 위로 뽑듯이 올리면 끝이 뾰족한 도트가 만들어져요.

| 1 | 2 | 3 |

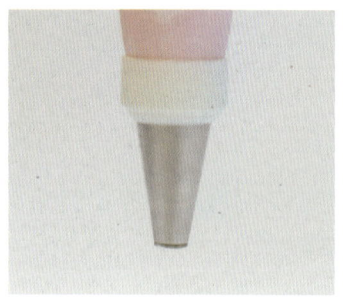 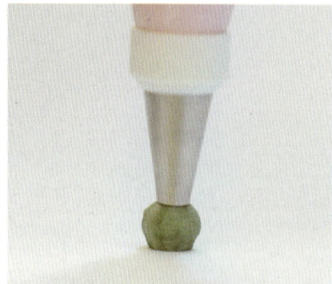 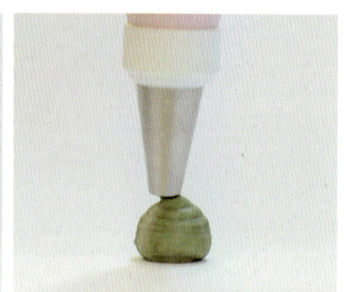

작은 도트 만들기

tip number : 2번
조색 : 연두색(녹차)

1 2번 팁을 수직으로 세워 잡은 뒤 바닥에서 0.5cm 정도 간격을 띄워요.
2 앙금이 팁 높이까지 올라오도록 힘주어 짠 뒤 손에 힘을 완전히 빼면서 팁을 위로 뽑듯이 올려요.
3 윗면이 평평한 도트를 만들 때는 손에 힘을 빼고 살짝 원을 그리면서 팁을 떼요.

| 1 | 2 | 3 |

수술 만들기

도트 모양 수술 만들기
---

tip number : 2번

조색 : 초록색(클로렐라)

1 2번 팁으로 꽃의 중심부 가장자리에 지름 0.1cm 크기의 도트를 짜요.

2 도트 사이사이에 빈틈이 없도록 촘촘하게 붙여 짜요. 이때 왼쪽에서 오른쪽으로 채워나가요.

| 1 | 2 |

긴 수술 만들기
---

tip number : 2번

조색 : 초록색(클로렐라)

1 2번 팁을 꽃의 중심부 가장자리에 대고 힘주어 앙금을 짜요.

2 꽃잎과 같은 높이가 되도록 앙금을 수직으로 짜 올리되, 꽃잎 높이가 되었을 때 손에 힘을 서서히 빼면서 팁을 위로 뽑듯이 올려요.

3 같은 방법으로 수술 사이사이에 빈틈이 없도록 촘촘하게 채워요.

| 1 | 2 | 3 |

기둥 만들기

12번 팁으로 만들기

tip number : 12번
조색 : 진한 초록색(쑥)

1 12번 팁을 네일 위에 수직으로 세워 잡은 뒤 네일에서 1cm 정도 간격을 띄워요.

2 앙금이 팁 높이까지 올라오도록 힘주어 짜요.

3 원하는 지름과 높이가 될 때까지 앙금이 팁을 밀어 올리는 느낌으로 더 짠 뒤 손에 힘을 완전히 빼면서 팁을 위로 뽑듯이 올려 끝이 봉긋한 기둥을 만들어요.

*tip*___

마무리할 때 손에 힘을 완전히 빼고 팁을 올리면 뭉툭하게 솟아오른 기둥을, 손에 힘을 서서히 빼면서 팁을 올리면 뾰족한 모양의 기둥을 만들 수 있어요.

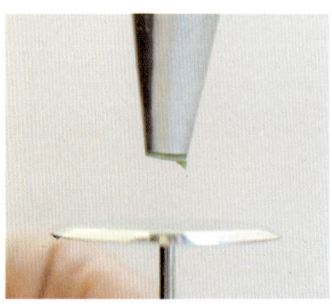

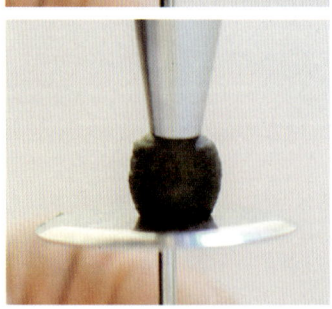

1
2
3

104번 팁으로 만들기

tip number : 104번
조색 : 진한 초록색(쑥)

1 104번 팁의 끝부분이 네일과 수평이 되도록 80도로 기울여 잡아요.

2 팁을 네일에서 1cm 정도 간격을 띄운 뒤 일정한 힘으로 앙금을 짜요.

3 원하는 지름과 높이가 될 때까지 앙금을 짠 뒤 손에 힘을 빼고 살짝 원을 그리면서 팁을 떼요.

tip__

104번 팁은 사선 모양이기 때문에 수직으로 세워 잡고 짜면 한쪽으로 기울어진 기둥이 돼요.

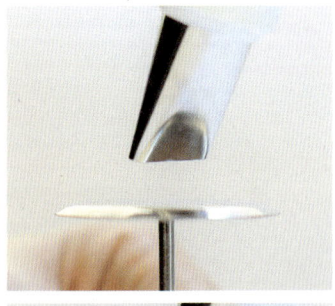

1
2
3

65

나뭇잎 만들기

기본 나뭇잎 만들기

tip number : 104번

조색 : 진한 초록색(클로렐라 2
+ 청치자 1 + 코코아 1)

*tip*__

완성한 나뭇잎은 네일에서 유산지
를 떼어내고 냉동실에 넣어 2시간
이상 얼려요. 나뭇잎이 얼면 손으
로 유산지를 떼어낸 뒤 사용해요.

1 유산지를 네일보다 조금 크게 잘라요. 네일 위에 앙금을 살짝 짠 뒤 그 위에 유
산지를 붙여요.

2 104번 팁의 굵은 부분을 네일에 대고 80도로 세워 잡아요. 이때 팁의 얇은 부
분은 10시 방향을 봅니다.

3 나뭇잎의 잎맥을 표현하기 위해 팁을 위아래로 흔들면서 네일 아래쪽에서 위쪽
으로 이동시켜요.

4 나뭇잎의 가운데 부분에서 잠시 멈췄다가 팁을 내리는 순간에 조금 더 힘주어
앙금을 짜 뾰족한 잎 모양을 만들어요.

5 다시 팁을 위아래로 움직이며 네일 아래쪽으로 이동시켜요. 나뭇잎 높이의 1/2
지점에서 네일을 반시계 방향으로 돌려 둥그스름한 잎 모양을 만들어요.

6 손에 힘을 빼며 나뭇잎의 중심부 쪽으로 팁을 가볍게 슥 내려요.

1	2	3
	4	
5	6	

그러데이션 나뭇잎 만들기

tip number : 126번

조색 : 갈색(코코아)

　　　민트색(청치자 1 + 클로렐라 1)

1 유산지를 네일보다 조금 크게 잘라요. 네일 위에 앙금을 살짝 짠 뒤 그 위에 유산지를 붙여요.

2 126번 팁의 끝부분 전체를 네일에 대고 80도로 세워 잡아요. 이때 팁의 얇은 부분은 11시 방향을 봅니다.

3 나뭇잎의 잎맥을 표현하기 위해 팁을 위아래로 흔들면서 네일 아래쪽에서 위쪽으로 이동시켜요.

4 나뭇잎의 가운데 부분에서 잠시 멈췄다가 팁을 내리는 순간에 조금 더 힘주어 앙금을 짜 뾰족한 잎 모양을 만들어요.

5 다시 팁을 위아래로 움직이며 네일 아래쪽으로 이동시켜요. 나뭇잎 높이의 1/2 지점에서 네일을 반시계 방향으로 돌려 둥그스름한 잎 모양을 만들어요.

6 손에 힘을 빼며 나뭇잎의 중심부 쪽으로 팁을 가볍게 슥 내려요.

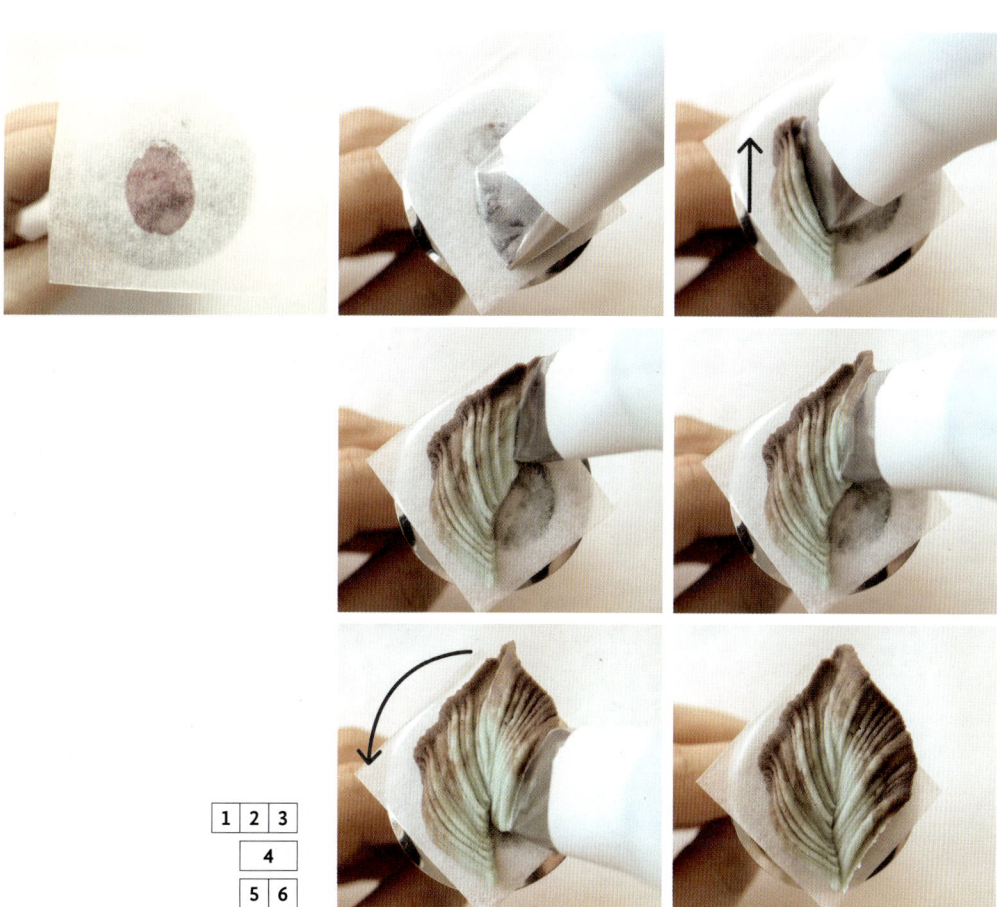

| 1 | 2 | 3 |
| 4 |
| 5 | 6 |

봉오리 만들기

봉오리
tip number : 6번
조색 : 진한 초록색(쑥)

봉오리 속
tip number : 3번
조색 : 분홍색(비트)

1 6번 팁을 70도로 세워 잡은 뒤 꽃잎 옆에 구슬 모양의 봉오리를 만들어요. 이때 봉오리는 꽃잎 높이와 비슷하게 짜는 것이 좋아요.

2 3번 팁을 **1**의 봉오리에 깊숙이 넣은 상태에서 앙금을 천천히 짜요.

3 속에서부터 앙금이 가득 차오르면 손에 힘을 빼고 팁을 살짝 올려 봉긋한 모양으로 마무리해요.

1
2
3

베리 만들기

라즈베리 만들기

tip number : 5번

조색 : 밝은 빨간색
　　　(비트 1 + 단호박 2)

1 5번 팁을 네일 위에 수직으로 세워 잡은 뒤 지름 1cm, 높이 0.5cm 크기의 작고 납작한 기둥을 만들어요. 팁의 끝부분 전체를 기둥 가장자리에 살짝 박고 45도로 세워 잡아요. 바깥쪽에서 안쪽으로 팁의 끝을 살짝 들어 올리며 앙금을 짜요.

2 팁을 다시 기둥에 내려 작고 동그란 도트를 만들어요.

3 같은 방법으로 11개의 도트를 짜서 기둥 가장자리를 채워요.

4 기둥 중심부는 앙금을 짜서 도톰하게 채워요.

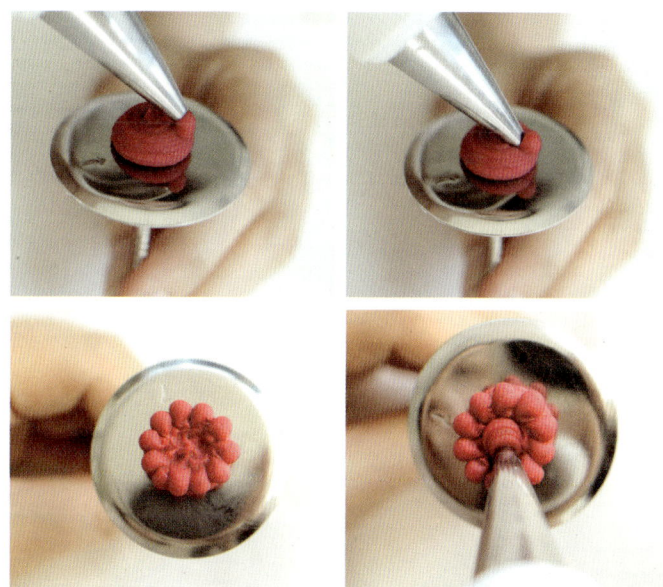

1	2
3	4

5 도트 사이사이에 같은 방법으로 10개의 도트를 짜서 가장자리를 채워요.

6 다시 기둥 중심부에 앙금을 짜 도톰하게 채운 뒤 도트 사이사이에 동일한 방법
으로 7개의 도트를 짜요.

7 가장 윗부분에는 3개의 도트를 짜서 베리를 완성해요.

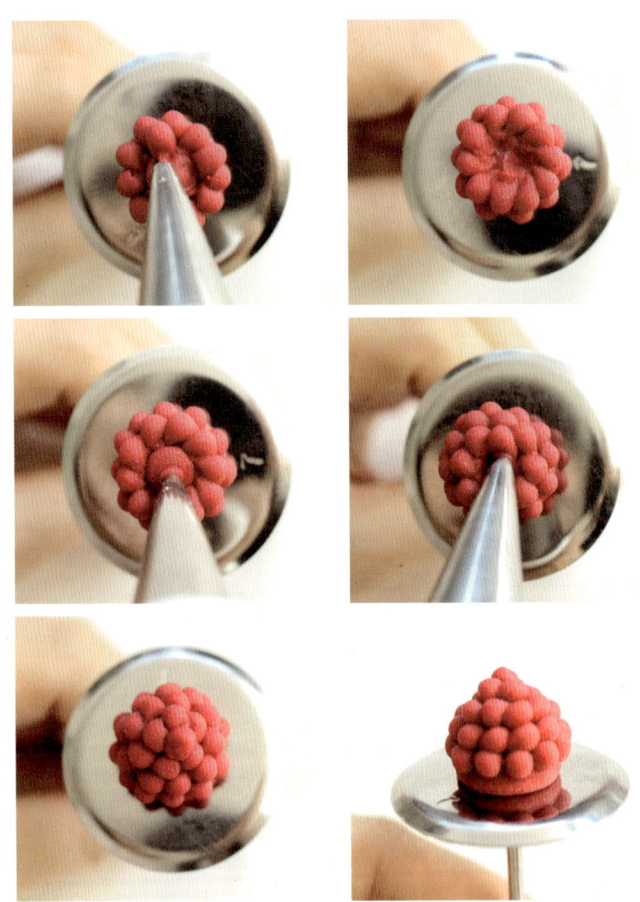

5
6
7

블루베리 만들기

tip number : 6번, 13번

조색 : 진한 파란색

(청치자 5 + 백년초 1)

1 6번 팁을 네일 위에 수직으로 세워 잡은 뒤 지름 1.5cm, 높이 1cm 크기의 도트를 만들어요.

2 13번 팁으로 도트의 중심부에 블루베리의 꼭지를 표현해요. 이때 힘주어 짜지 않고 콕 찍듯이 가볍게 짜요.

1

2

스노우베리 만들기

tip number : 6번, 00번

조색 : 흰색

갈색(코코아)

1 6번 팁을 네일 위에 수직으로 세워 잡은 뒤 지름 1cm, 높이 0.5cm 크기의 도트를 만들어요. 마무리할 때 손에 힘을 빼고 살짝 원을 그리며 팁을 떼면 매끄러운 모양의 도트를 만들 수 있어요.

2 같은 방법으로 2개의 도트를 만든 뒤 00번 팁으로 도트의 중심부에 스노우베리의 꼭지를 표현해요. 이때 힘주어 짜지 않고 콕 찍듯이 가볍게 짜요.

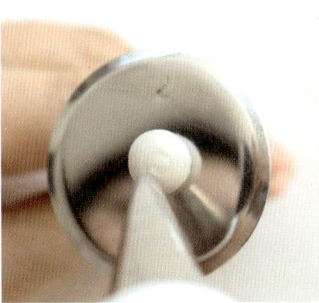

1 2

앙금플라워 떡케이크의 시트는 반드시 멥쌀가루로 만든 설기를 사용해요.
제철에 나는 천연 재료와 쉽게 구할 수 있는 식재료를 활용하면 정말 맛있는 설기를 만들 수 있지요.
지금부터 씹으면 씹을수록 입에 착착 감기는 열두 가지의 설기 레시피를 소개할게요.

2.

앙금플라워 떡케이크의 기본, 설기를 만들어요

Steamed Rice Cake

RICE
Beanpaste Flower
CAKE

준비 preparation

지름 15cm, 높이 7cm
원형 무스링 1개 분량

재료 ingredients

멥쌀가루 6컵
물 6큰술
설탕 6큰술

백설기

앙금플라워 떡케이크에서 가장 기본이 되는 설기는 다른 재료 없이 오로지 멥쌀가루로만 만든 백설기예요. 갓 쪄낸 촉촉하고 따뜻한 백설기의 맛을 집에서도 손쉽게 맛볼 수 있도록 저만의 설기 찌는 비법을 알려드릴게요. 특히 백설기는 초보자도 만들기 쉽고 어떤 색의 앙금플라워와도 잘 어울려 한 번 익혀두면 모든 케이크에 활용할 수 있답니다.

작은 꽃 여러 송이로 만드는 컵케이크 126p

준비 지름 9cm, 높이 7cm 실리콘 몰드 컵설기 4개 분량

재료 멥쌀가루 4컵, 물 6큰술, 설탕 4큰술

큰 꽃 한 송이로 만드는 컵케이크 136p

준비 지름 9cm, 높이 7cm 원형 무스링 4개 분량

재료 멥쌀가루 8컵, 물 8큰술, 설탕 8큰술

순수함의 결정체, 수국 한가득 돔 케이크 162p

손수 빚어 만드는 앙금오브제 수국 케이크 228p

준비 지름 15cm, 높이 7cm 원형 무스링 2개 분량

재료 멥쌀가루 12컵, 물 12큰술, 설탕 12큰술

로맨틱한 무드를 연출하는 앙금도일리 케이크 236p

준비 지름 12cm, 높이 7cm 원형 무스링 2개 분량

재료 멥쌀가루 8컵, 물 8큰술, 설탕 8큰술

1
2
3

tip__

설탕을 넣으면 수분이 생겨 쌀가루가 몽글몽글 뭉쳐요. 그러면 떡케이크의 표면이 거칠어져 예쁘지 않아요. 설탕을 넣은 후에는 최대한 빠르게 섞어요.

1 볼에 멥쌀가루와 물을 넣고 뭉치지 않도록 손으로 골고루 비벼요.

2 또 다른 볼에 중간체를 올리고 물을 섞은 멥쌀가루를 담은 뒤 손바닥으로 문지르듯 누르며 곱게 내려요. 이 과정을 두 번 반복합니다.

3 체에 내린 멥쌀가루에 설탕을 넣고 재빨리 섞어요.

*tip*__
무스링에 넣고 남은 쌀가루는 작은 크기의 실리콘 몰드에 넣고 찜기에 올려 함께 쪄요. 맛
보기용으로 먹을 수 있고 어래인지 할 때 쓰는 작은 설기로도 활용할 수 있어요.

*tip*__
스크래퍼를 비스듬히 잡아야
떡 표면이 반듯해져요.

*tip*__
무스링을 빼지 않고 찌면 설
기 옆면이 바싹 말라 가루처
럼 돼요.

4	5
6	7
8	

4 돌림판 위에 찜기를 올린 뒤 키친타월을 깔고 그 위에 시루밑을 깔아요. 시루밑 가운데에
무스링을 올리고 설탕과 섞은 멥쌀가루를 부어요.

5 돌림판을 돌리면서 스크래퍼로 멥쌀가루의 윗면을 고르게 정리해요.

6 무스링을 양손으로 잡고 위, 아래, 왼쪽, 오른쪽으로 조금씩 움직여 틈을 만들어요.

7 무스링을 수직으로 들어 올려 멥쌀가루가 흐트러지지 않도록 조심스럽게 빼요.

8 물이 팔팔 끓는 물솥 위에 찜기를 얹고 25분 동안 찐 후 불을 꺼요. 5분 동안 뜸을 들여요.

고구마설기

준비 preparation

지름 15cm, 높이 7cm
원형 무스링 1개 분량

재료 ingredients

설기
멥쌀가루 5컵
으깬 고구마 4큰술
생크림 2큰술
설탕 5큰술

고구마 필링
으깬 고구마 1/2컵
생크림 2큰술
설탕 1큰술
소금 약간

뜨거울 때 호호 불며 먹던 추억이 가득한 고구마! 겨울철 간식
으로 이만한 것이 없지요. 고구마설기는 달콤한 고구마와 쫀쫀
한 설기의 식감이 어우러져 더욱 맛있어요. 속살이 유독 노랗
고 목넘김이 부드러운 호박고구마로 만들면 맛도 색깔도 한층
업그레이드된 고구마설기가 된답니다.

따스한 마음이 느껴지는 프리지어 블라썸 케이크 168p
준비 지름 15cm, 높이 7cm 원형 무스링 2개 분량
재료 설기- 멥쌀가루 10컵, 으깬 고구마 8큰술, 생크림 4큰술, 설탕 10큰술
고구마 필링- 으깬 고구마 1컵, 생크림 4큰술, 설탕 2큰술, 소금 약간

*tip*__

고구마마다 수분 함유량이 다르므
로 너무 되직하다 생각되면 물을
조금 더 넣어요.

1	
2	
3	**4**

1 냄비에 으깬 고구마, 생크림, 설탕, 소금을 넣고 20분 동안 약한 불에서 저어가며 끓여 고
구마 필링을 만들어요.

2 볼에 멥쌀가루, 으깬 고구마, 생크림을 넣고 뭉치지 않도록 손으로 골고루 비벼요.

3 또 다른 볼에 중간체를 올리고 으깬 고구마와 생크림을 섞은 멥쌀가루를 담은 뒤 손바닥
으로 문지르듯 누르며 곱게 내려요. 이 과정을 두 번 반복합니다.

4 체에 내린 멥쌀가루에 설탕을 넣고 재빨리 섞어요.

*tip*__
찜기 위에 시루밑만 깔면 찌고
나서 설기 아랫면에 물기가 많
아져 축축하고 지저분해져요.
이때 키친타월을 먼저 깔고 그
위에 시루밑을 올리면 깔끔하
게 찔 수 있어요.

5	
6	7
8	9

5 돌림판 위에 찜기를 올린 뒤 키친타월을 깔고 그 위에 시루밑을 깔아요. 시루밑 가운데에
무스링을 올리고 무스링의 절반 높이까지 멥쌀가루를 부어요. 그 위에 **1**의 고구마 필링
을 7큰술 올려요.

6 나머지 멥쌀가루를 붓고 스크래퍼로 윗면을 고르게 정리해요.

7 무스링을 양손으로 잡고 위, 아래, 왼쪽, 오른쪽으로 조금씩 움직여 틈을 만들어요.

8 무스링을 수직으로 들어 올려 멥쌀가루가 흐트러지지 않도록 조심스럽게 빼요.

9 물이 팔팔 끓는 물솥 위에 찜기를 얹고 25분 동안 찐 후 불을 꺼요. 5분 동안 뜸을 들여요.

준비 preparation

지름 9cm, 높이 7cm
원형 무스링 3개 분량

재료 ingredients

설기
멥쌀가루 6컵
블루베리잼 3큰술
물 2큰술
설탕 4큰술

블루베리 필링
건블루베리 1큰술
블루베리잼 2큰술

블루베리설기

보통 과일잼의 짝꿍은 빵이라고 생각하지만 떡과 만나도 무척 조화로운 맛을 낸답니다. 블루베리잼과 건블루베리를 넣어 블루베리설기를 만들어보세요. 설기 안에서 흘러나온 블루베리잼이 입안 가득 퍼지면 기분까지 산뜻해져요. 달콤한 연보랏빛의 블루베리설기는 언제 내놓아도 사랑받는 디저트가 될 거예요.

아낌없이 피어난 백만 송이 장미 부케 케이크 152p
준비 지름 15cm, 높이 7cm 원형 무스링 2개 분량
재료 멥쌀가루 12컵, 블루베리잼 6큰술, 물 6큰술, 설탕 8큰술

1	2

3	4

5

tip__
건블루베리는 럼에 넣고 하루 동안
재워 두었다가 사용하면 식감과 풍
미가 훨씬 좋아져요.

1 작은 볼에 건블루베리와 블루베리잼을 넣고 숟가락으로 골고루 섞어 블루베리 필링을
만들어요.

2 큰 볼에 멥쌀가루와 블루베리잼, 물을 넣고 뭉치지 않도록 손으로 골고루 비벼요.

3 또 다른 볼에 중간체를 올리고 블루베리잼과 섞은 멥쌀가루를 담은 뒤 손바닥으로 문지
르듯 누르며 곱게 내려요. 이 과정을 두 번 반복합니다.

4 체에 내린 멥쌀가루에 설탕을 넣고 재빨리 섞어요.

5 돌림판 위에 찜기를 올린 뒤 키친타월을 깔고 그 위에 시루밑을 깔아요. 시루밑 가운데에
무스링 3개를 올리고 무스링의 절반 높이까지 멥쌀가루를 부어요. 그 위에 **1**의 블루베리
필링을 2큰술씩 올려요.

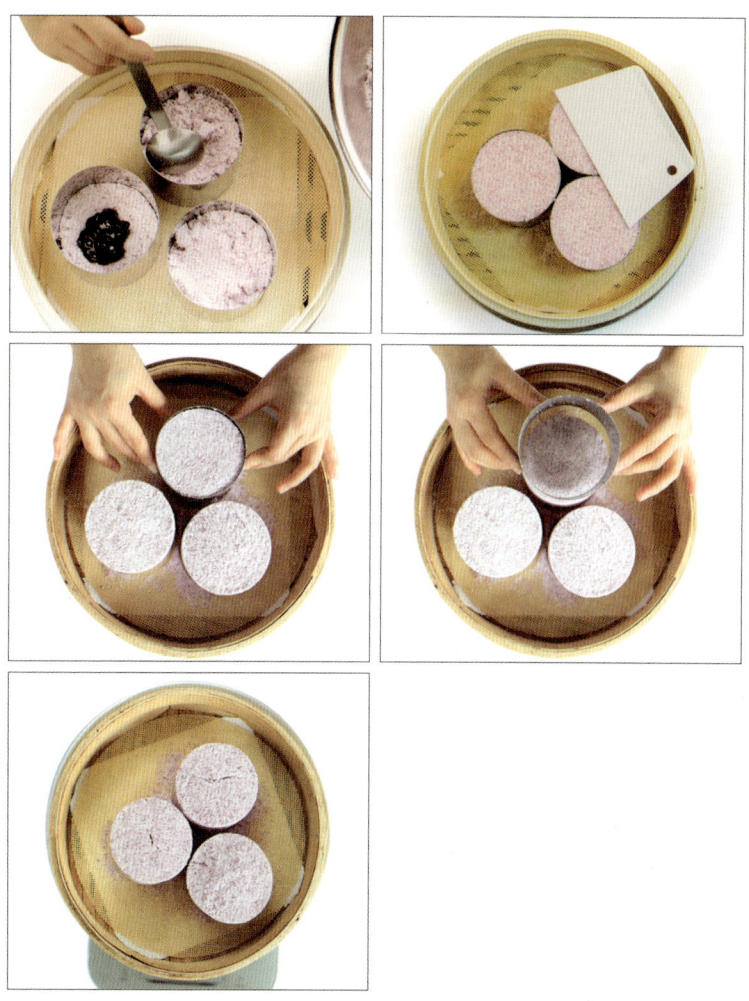

6
7 8
9

6 나머지 멥쌀가루를 붓고 스크래퍼로 윗면을 고르게 정리해요.

7 무스링을 양손으로 잡고 위, 아래, 왼쪽, 오른쪽으로 조금씩 움직여 틈을 만들어요.

8 무스링을 수직으로 들어 올려 멥쌀가루가 흐트러지지 않도록 조심스럽게 빼요.

9 물이 팔팔 끓는 물솥 위에 찜기를 얹고 25분 동안 찐 후 불을 꺼요. 5분 동안 뜸을 들여요.

준비 preparation

지름 15cm, 높이 7cm
원형 무스링 1개 분량

재료 ingredients

설기
멥쌀가루 5컵
녹두통고물 2컵
꿀 3큰술
물 6큰술
설탕 6큰술

녹두설기

녹두 중에서도 떡을 만들 때 사용하는 녹두는 따로 있답니다. 미리 껍질을 벗긴 거피녹두인데요. 실제로 보면 보석처럼 빛나는 샛노란 녹두 알갱이가 얼마나 탐스러운지 몰라요. 단백질과 미네랄 함유량이 높아 몸에도 좋은 기특한 거피녹두로 담백한 맛이 일품인 녹두설기를 만들어보세요.

세상에 단 하나뿐인 메시지 케이크 210p
준비 지름 15cm, 높이 7cm 원형 무스링 1개 분량
재료 멥쌀가루 5컵, 녹두통고물 2컵, 꿀 3큰술, 물 6큰술, 설탕 6큰술

1 볼에 멥쌀가루, 꿀, 물을 넣고 뭉치지 않도록 손으로 골고루 비벼요.

2 또 다른 볼에 중간체를 올리고 꿀과 물을 섞은 멥쌀가루를 담은 뒤 손바닥으로 문지르듯 누르며 곱게 내려요. 이 과정을 두 번 반복합니다.

3 체에 내린 멥쌀가루에 설탕을 넣고 재빨리 섞어요.

4 돌림판 위에 찜기를 올린 뒤 키친타월을 깔고 그 위에 시루밑을 깔아요. 시루밑 가운데에 무스링을 올리고 무스링의 1/3 높이까지 멥쌀가루를 부어요. 그 위에 녹두통고물을 1컵 올려요.

1

2

* 녹두통고물 만들기

재료 거피녹두 1컵, 설탕 1큰술, 소금 약간

1 거피녹두를 흐르는 물에 깨끗이 씻은 뒤 6시간 이상 물에 담가 불려요. 불린 거피녹두를 양손으로 가볍게 비비고 물에 서너 번 헹구어 껍질을 제거해요.

2 찜기에 면보를 깔고 껍질을 제거한 거피녹두를 담은 뒤 물이 팔팔 끓는 물솥 위에서 40분 동안 쪄요. 찐 거피녹두는 설탕과 소금을 넣고 골고루 섞어요.

5	
6	7
8	9

5 다시 무스링의 2/3 높이까지 멥쌀가루를 붓고 그 위에 <mark>녹두통고물</mark>을 1컵 올려요.

6 나머지 멥쌀가루를 붓고 스크래퍼로 윗면을 고르게 정리해요.

7 무스링을 양손으로 잡고 위, 아래, 왼쪽, 오른쪽으로 조금씩 움직여 틈을 만들어요.

8 무스링을 수직으로 들어 올려 멥쌀가루가 흐트러지지 않도록 조심스럽게 빼요.

9 물이 팔팔 끓는 물솥 위에 찜기를 얹고 25분 동안 찐 후 불을 꺼요. 5분 동안 뜸을 들여요.

준비 preparation

지름 15cm, 높이 7cm
대나무 찜기 1개 분량

재료 ingredients

설기
멥쌀가루 5컵
늙은 호박 200g
물 5큰술
설탕 5큰술

늙은 호박 밑간
설탕 1큰술
소금 약간

늙은호박설기

어렸을 적 할머니가 늙은 호박으로 해주셨던 호박죽이 문득 생각 날 때가 있지요. 유년 시절의 향수를 자극하는 늙은호박설기는 어느새 전혀 다른 문화를 가진 해외 수업에서도 인기 만점인 설기가 되었어요. 씹는 맛이 부드럽고 풍미가 좋거든요. 무스링을 쓰지 않고 대나무 찜기만으로 설기를 만드는 방법을 담았으니 참고하세요.

작약과 리시안셔스로 만드는 우아한 블라썸 케이크 184p
준비 지름 15cm, 높이 7cm 원형 무스링 2개 분량
재료 멥쌀가루 10컵, 늙은 호박 400g, 물 10큰술, 설탕 10큰술

1
2 | 3
4

1 늙은 호박은 흐르는 물에 깨끗이 씻어 껍질을 벗기고 속을 파낸 뒤 0.3cm 두께로 나박썰
　기 해요. 작은 볼에 나박썰기 한 늙은 호박과 설탕, 소금을 넣고 잘 버무려 밑간을 해요.

2 큰 볼에 멥쌀가루와 물을 넣고 뭉치지 않도록 손으로 골고루 비벼요.

3 또 다른 볼에 중간체를 올리고 물을 섞은 멥쌀가루를 담은 뒤 손바닥으로 문지르듯 누르
　며 곱게 내려요. 이 과정을 두 번 반복합니다.

4 체에 내린 멥쌀가루에 밑간한 늙은 호박과 설탕을 넣고 재빨리 섞어요.

5 6
7

5 돌림판 위에 대나무 찜기를 올린 뒤 키친타월을 깔고 그 위에 시루밑을 깔아요. 그 위에
  늙은 호박과 설탕을 섞은 멥쌀가루를 부어요.

6 크기가 좀 더 큰 찜기 위에 5의 대나무 찜기를 올려요.

7 물이 팔팔 끓는 물솥 위에 찜기를 얹고 25분 동안 찐 후 불을 꺼요. 5분 동안 뜸을 들여요.

당근설기

준비 preparation

지름 12cm, 높이 7cm
원형 무스링 2개 분량

재료 ingredients

설기
멥쌀가루 5컵
당근 1½개
다진 호두 2½큰술
다진 피칸 2½큰술
시나몬파우더 1/2큰술
생크림 4큰술
설탕 5큰술
소금 약간

싱싱하고 향긋한 당근으로 만든 당근설기를 소개할게요. 수분을 촉촉히 머금은 당근이 듬뿍 들어 있어 목에서 술술 넘어가 눈 깜짝할 사이에 설기가 사라진답니다. 함께 넣은 고소한 견과류는 물론 산뜻한 크림치즈 프로스팅으로 설기 겉면을 아이싱해 금세 입안이 풍성해져요.

최고의 순간을 함께할 2단 케이크 266p
준비 1단 - 지름 21cm, 높이 7cm 원형 무스링 1개 분량
2단 - 지름 15cm, 높이 7cm 원형 무스링 1개 분량
재료 1단 - 멥쌀가루 12컵, 당근 1½개, 다진 호두 1/4컵, 다진 피칸 1/4컵
시나몬파우더 2/3큰술, 생크림 10큰술, 설탕 12큰술, 소금 약간
2단 - 멥쌀가루 5컵, 당근 1개, 다진 호두 1½큰술, 다진 피칸 1½큰술
시나몬파우더 1/3큰술, 생크림 4큰술, 설탕 5큰술, 소금 약간

1 당근은 흐르는 물에 깨끗이 씻어 껍질을 벗기고 얇게 채 썰어요. 다진 호두와 다진 피칸도 함께 준비해요.

2 볼에 멥쌀가루, 생크림, 시나몬파우더, 소금을 넣고 뭉치지 않도록 손으로 골고루 비벼요.

3 또 다른 볼에 중간체를 올리고 2의 멥쌀가루를 담은 뒤 손바닥으로 문지르듯 누르며 곱게 내려요. 이 과정을 두 번 반복합니다.

4 체에 내린 멥쌀가루에 설탕을 넣고 재빨리 섞어요.

5 설탕과 섞은 멥쌀가루에 채 썬 당근, 다진 호두와 피칸을 넣고 다시 빠르게 섞어요.

6 7
8
9

6 돌림판 위에 찜기를 올린 뒤 키친타월을 깔고 그 위에 시루밑을 깔아요. 시루밑 가운데에
무스링을 올리고 채 썬 당근, 다진 호두와 피칸을 섞은 멥쌀가루를 부어요. 같은 방법으
로 2개의 찜기를 준비해요.

7 무스링을 양손으로 잡고 위, 아래, 왼쪽, 오른쪽으로 조금씩 움직여 틈을 만들어요.

8 무스링을 수직으로 들어 올려 멥쌀가루가 흐트러지지 않도록 조심스럽게 빼요. 또 다른
찜기도 동일한 방법으로 무스링을 제거해요.

9 물이 팔팔 끓는 물솥 위에 찜기를 얹고 25분 동안 찐 후 불을 꺼요. 5분 동안 뜸을 들여요.

1   2

3

＊ 크림치즈 프로스팅 만들기

재료 크림치즈 1컵(200g), 생크림 1/2컵(100g), 레몬즙 1큰술, 설탕 1½큰술

1 볼에 크림치즈를 넣고 핸드믹서로 크림치즈가 말랑말랑해질 때까지 풀어요.

2 또 다른 볼에 생크림과 설탕을 넣고 핸드믹서로 쫀쫀한 크림이 될 때까지 휘핑해요.

3 크림치즈가 들어 있는 볼에 2에서 휘핑한 생크림을 넣고 주걱으로 골고루 섞어요.

tip __

설기 윗면과 옆면이 만나는 가장자
리도 빈틈이 생기지 않도록 크림치
즈 프로스팅을 골고루 발라요.

10	11
12
13

10 돌림판 위에 쪄낸 당근설기 1개를 올려요. 스패튤라를 바닥과 수평이 되도록 눕혀 잡고
    크림치즈 프로스팅을 1cm 두께로 펼쳐 발라요.

11 그 위에 다른 당근설기를 얹었어요.

12 스패튤라를 돌림판과 수직이 되도록 잡고 돌림판을 돌리며 설기 옆면을 아이싱해요. 이
    때 스패튤라의 끝으로 돌림판을 긁으면서 발라야 설기 아랫부분에도 크림치즈 프로스
    팅이 빠짐없이 발려요.

13 스패튤라를 바닥과 수평이 되도록 눕혀 잡고 설기 윗면에 크림치즈 프로스팅을 0.5cm
    두께로 펼쳐 발라요.

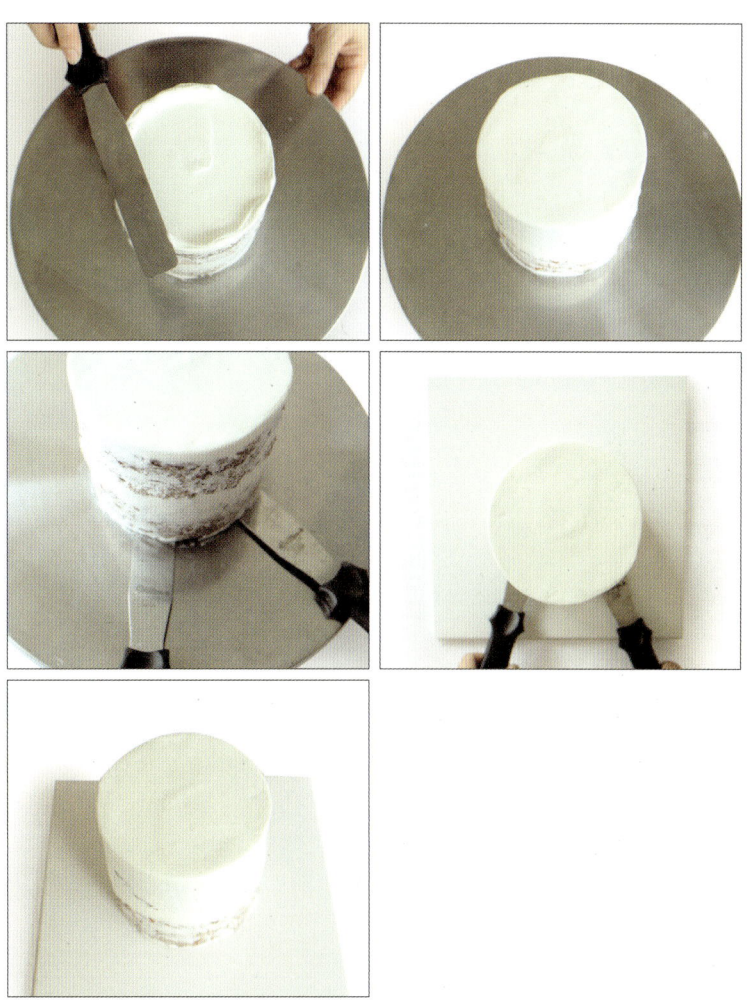

14 설기 가장자리를 스패튤라로 스치듯이 눌러 매끄럽게 정리해요.

15 스패튤라 2개를 돌림판과 당근설기 사이에 깊숙이 넣어요. 스패튤라 2개를 동시에 들
어 올려 당근설기를 케이크 판의 중심에 맞춰 놓아요.

16 스패튤라를 내 몸쪽으로 하나씩 천천히 빼서 마무리해요.

준비 preparation

지름 15cm, 높이 7cm
원형 무스링 1개 분량

재료 ingredients

설기
멥쌀가루 4컵
밤 7개(100g)
생률 6개
꿀 2큰술
물 2큰술
설탕 4큰술

생률 밑간
설탕 2큰술
소금 1/2큰술

밤설기

밤에는 우리 몸에 필요한 5대 영양소가 모두 들어 있어요. 옛말에 '밤 세 톨만 먹으면 보약이 따로 없다'는 말도 있지요. 영양분이 가득한 밤으로 평소처럼 구워 먹고, 삶아 먹는 대신 밤설기를 만들어보세요. 야무진 손길을 더하면 남녀노소 누구나 밤의 담백한 맛에 반해 자꾸만 손이 가는 마성의 설기가 완성된답니다.

오색빛깔 꽃송이의 향연, 화려한 리스 케이크 178p
준비 지름 15cm, 높이 7cm 원형 무스링 2개 분량
재료 멥쌀가루 8컵, 밤 14개(200g), 생률 12개, 꿀 4큰술, 물 4큰술, 설탕 8큰술

1 **2**
3
4

1 밤은 흐르는 물에 깨끗이 씻어 끓는 물에 30분 동안 삶아요. 삶은 밤은 껍질을 벗긴 후
으깨요.

2 생률은 한 개당 6등분 해요. 작은 볼에 6등분한 생률, 설탕, 소금을 넣고 간이 잘 배도록
버무려 밑간해요.

3 큰 볼에 멥쌀가루, 으깬 밤, 꿀, 물을 넣고 뭉치지 않도록 손으로 골고루 비벼요.

4 또 다른 볼에 중간체를 올리고 으깬 밤, 꿀, 물을 섞은 멥쌀가루를 담은 뒤 손바닥으로 문
지르듯 누르며 곱게 내려요. 이 과정을 두 번 반복합니다.

5	6
7	8
9	

5 체에 내린 멥쌀가루에 밑간한 생률과 설탕을 넣고 재빨리 섞어요.

6 돌림판 위에 찜기를 올린 뒤 키친타월을 깔고 그 위에 시루밑을 깔아요. 시루밑 가운데에
무스링을 올리고 생률과 설탕을 섞은 멥쌀가루를 부어요.

7 무스링을 양손으로 잡고 위, 아래, 왼쪽, 오른쪽으로 조금씩 움직여 틈을 만들어요.

8 무스링을 수직으로 들어 올려 쌀가루가 흐트러지지 않도록 조심스럽게 빼요.

9 물이 팔팔 끓는 물솥 위에 찜기를 얹고 25분 동안 찐 후 불을 꺼요. 5분 동안 뜸을 들여요.

잣설기

준비 preparation

지름 15cm, 높이 6cm
사각 무스링 1개 분량

재료 ingredients

설기
멥쌀가루 5컵
잣 5큰술
거피팥고물 1컵
꿀 3큰술
물 2큰술
설탕 2큰술

깨물면 입안 가득 퍼지는 향이 참으로 매력적인 잣! 곱게 간 잣
가루로 설기를 만들면 단정한 빛깔과 고급스러운 맛이 매우 인
상적인 설기가 돼요. 잣설기의 핵심인 거피팥고물을 만드는 방
법도 함께 알려드릴게요. 한 번 맛보면 오래도록 잊지 못할 잣
설기의 고소함을 직접 느껴보세요.

재료 거피팥 1컵, 소금 약간

1 거피팥을 흐르는 물에 깨끗이 씻은 뒤 볼에 담아요.

2 거피팥이 충분히 잠기도록 물을 붓고 하루 동안 불려요. 불린 거피팥은 손으로 가볍게 비비고 물에 서너 번 헹구어 껍질을 제거해요.

3 찜기에 면보를 깔고 껍질을 제거한 거피팥을 담은 뒤 물이 팔팔 끓는 물솥 위에서 50분 동안 쪄요.

4 또 다른 볼에 중간체를 올리고 찐 거피팥을 담아요. 소금을 넣고 잘 섞은 뒤 주걱으로 힘주어 눌러 거피팥고물을 내려요.

| 1 | 2 |
| 3 | 4 |

1 잣은 고깔을 떼고 마른 행주로 깨끗이 닦은 뒤 그라인더로 곱게 갈아요.

2 볼에 멥쌀가루, <mark>거피팥고물</mark>, 꿀, 물을 넣고 뭉치지 않도록 손으로 골고루 비벼요.

3 또 다른 볼에 중간체를 올리고 2에서 섞은 멥쌀가루를 담은 뒤 손바닥으로 문지르듯 누르며 곱게 내려요. 이 과정을 두 번 반복합니다.

4 체에 내린 멥쌀가루에 곱게 간 잣가루와 설탕을 넣고 재빨리 섞어요.

*tip*__
칼금을 새기면 설기가 익은 뒤
깔끔하게 잘려요.

5 6
7 8
9 10

5 돌림판 위에 찜기를 올린 뒤 키친타월을 깔고 그 위에 시루밑을 깔아요. 시루밑 가운데에
무스링을 올리고 잣가루와 설탕을 섞은 멥쌀가루를 부어요.

6 스크래퍼로 윗면을 고르게 정리해요.

7 칼과 자로 멥쌀가루에 십자 모양의 칼금을 새겨요. 칼끝이 바닥에 살짝 닿을 때까지 깊숙
이 넣고 멥쌀가루를 잘라요.

8 무스링을 양손으로 잡고 위, 아래, 왼쪽, 오른쪽으로 조금씩 움직여 틈을 만들어요.

9 무스링을 수직으로 들어 올려 멥쌀가루가 흐트러지지 않도록 조심스럽게 빼요.

10 물이 팔팔 끓는 물솥 위에 찜기를 얹고 25분 동안 찐 후 불을 꺼요. 5분 동안 뜸을 들여요.

준비 preparation

지름 18cm, 높이 6cm
대나무 찜기 1개 분량

재료 ingredients

설기
멥쌀가루 6컵
대추고 4큰술
막걸리 2큰술
황설탕 3큰술

대추 필링
대추 6개
밤 3개
흑설탕 1큰술

대추설기

대추설기의 핵심은 대추고에 있다고 해도 과언이 아니에요. 대추고는 한 번에 많이 만들어 냉장 보관하면서 떡 이외의 음식이나 음료에도 다양하게 활용할 수 있어요. 대추설기에 물 대신 막걸리를 넣으면 대추의 향을 더욱 깊어지게 만들고 소화도 잘 되게 한답니다. 그래서 떡을 먹으면 속이 불편한 분들에게 꼭 소개하고 싶은 영양 만점 설기에요.

감사함을 듬뿍 담은 카네이션 리스 케이크 194p
어르신들에게 최고의 선물, 크레센트 케이크 202p
준비 지름 15cm, 높이 7cm 원형 무스링 2개 분량
재료 멥쌀가루 12컵, 대추고 8큰술, 막걸리 4큰술, 황설탕 6큰술

1
2
3
4
5

* 대추고 만들기

재료 대추 28~30개(200g), 황설탕 7큰술

1 대추는 흐르는 물에 깨끗이 씻은 뒤 돌려깎아 살과 씨를 분리해요.

2 밑이 깊은 솥에 대추씨를 넣은 뒤 대추씨가 잠길 만큼 충분히 물을 붓고 30분 동안 중약
  불로 끓여요.

3 2에 대추살을 넣은 뒤 잠길 만큼 물을 더 부어요. 40분 동안 중약불로 끓인 후 불을 끕니다.

4 불에 중간체를 올리고 끓인 대추씨와 대추살을 담은 뒤 주걱으로 힘주어 눌러 대추의 씨
  와 껍질을 거르고 과육만 내려요.

5 냄비에 곱게 내린 과육과 황설탕을 넣고 걸쭉해질 때까지 주걱으로 골고루 섞어가며 중
  약불로 끓여요.

1 2
3 4

1 대추와 밤은 흐르는 물에 깨끗이 씻어요. 대추는 젖은 면보로 문질러 닦고 돌려 깎아 살
  과 씨를 분리한 뒤 얇게 채 썰어요. 밤은 껍질을 제거한 뒤 얇게 채 썰어요.

2 작은 볼에 채 썬 대추와 밤, 흑설탕을 넣고 간이 잘 배도록 버무려 대추 필링을 만들어요.

3 큰 볼에 멥쌀가루, 대추고, 막걸리를 넣고 뭉치지 않도록 손으로 골고루 비벼요.

4 또 다른 볼에 중간체를 올리고 대추고와 막걸리를 섞은 멥쌀가루를 담은 뒤 손바닥으로
  문지르듯 누르며 곱게 내려요. 이 과정을 두 번 반복합니다.

5 6
7 8
9

5 체에 내린 멥쌀가루에 황설탕을 넣고 재빨리 섞어요.

6 대나무 찜기 위에 키친타월을 깔고 그 위에 시루밑을 깔아요. 찜기의 절반 높이까지 멥쌀
가루를 붓고 그 위에 대추 필링의 반을 올려요.

7 나머지 멥쌀가루를 붓고 스크래퍼로 윗면을 고르게 정리한 뒤 남은 대추 필링을 올려
장식해요.

8 크기가 좀 더 큰 찜기 위에 대나무 찜기를 올려요.

9 물이 팔팔 끓는 물솥 위에 찜기를 얹고 25분 동안 찐 후 불을 꺼요. 5분 동인 뜸을 들어요.

초콜릿설기

준비 preparation

지름 18cm, 높이 5cm
사각 무스링 1개 분량

재료 ingredients

설기
멥쌀가루 6컵
코코아가루 5큰술
물 9큰술
설탕 5큰술

초콜릿필링
다크초콜릿 2큰술

초콜릿은 혀끝에 닿는 순간 기분이 좋아지고 힘이 나지요. 당도
가 낮아 건강에도 이로운 다크초콜릿을 아낌없이 넣어 초콜릿
설기를 만들어보세요. 초콜릿이면 무조건 엄지를 내미는 아이
들은 물론 입맛 까다로운 어른들도 아주 좋아하는 설기랍니다.

라넌큘러스 한 송이로 만드는 발렌타인 케이크 220p
준비 지름 12cm, 높이 7cm 원형 무스링 2개 분량
재료 멥쌀가루 8컵, 코코아가루 3큰술, 물 10큰술, 설탕 8큰술

연말 분위기가 물씬, 가나슈 구겔호프 케이크 262p
준비 지름 15cm, 높이 7cm 구겔호프 틀 1개 분량
재료 멥쌀가루 6컵, 코코아가루 4큰술, 물 8큰술, 설탕 6큰술

<table>
<tr><td>1</td><td>2</td></tr>
<tr><td>3</td><td>4</td></tr>
</table>

1 볼에 멥쌀가루, 코코아가루, 물을 넣고 뭉치지 않도록 손으로 골고루 비벼요.

2 또 다른 볼에 중간체를 올리고 코코아가루와 물을 섞은 멥쌀가루를 담은 뒤 손바닥으로 문지르듯 누르며 곱게 내려요. 이 과정을 두 번 반복합니다.

3 체에 내린 멥쌀가루에 설탕을 넣고 재빨리 섞어요.

4 돌림판 위에 찜기를 올린 뒤 키친타월을 깔고 그 위에 시루밑을 깔아요. 시루밑 가운데에 무스링을 올리고 무스링의 절반 높이까지 멥쌀가루를 부어요. 멥쌀가루 위에 다크초콜 릿을 네 군데에 조금씩 올려요.

<table>
<tr><td>5</td><td>6</td></tr>
<tr><td>7</td><td>8</td></tr>
</table>

5 나머지 멥쌀가루를 붓고 스크래퍼로 윗면을 고르게 정리한 뒤 칼과 자로 멥쌀가루에 십자 모양의 칼금을 새겨요. 칼끝이 바닥에 살짝 닿을 때까지 깊숙이 넣고 멥쌀가루를 잘라요.

6 무스링을 양손으로 잡고 위, 아래, 왼쪽, 오른쪽으로 조금씩 움직여 틈을 만들어요.

7 무스링을 수직으로 들어 올려 멥쌀가루가 흐트러지지 않도록 조심스럽게 빼요.

8 물이 팔팔 끓는 물솥 위에 찜기를 얹고 25분 동안 찐 후 불을 꺼요. 5분 동안 뜸을 들여요.

준비 preparation

지름 9cm, 높이 7cm
원형 무스링 2개 분량

재료 ingredients

설기
멥쌀가루 4컵
커피가루 3큰술
거피팥가루 1컵
생크림 2큰술
따뜻한 물 2큰술
설탕 4큰술

모카설기

설기를 찔 때 부엌을 가득 채우는 커피 향이 잊히지 않아 또다시 만들게 되는 모카설기를 소개할게요. 맛의 정점을 찍어줄 모카 크럼블까지 위에 올리면 최고의 디저트는 물론 한 끼 식사로도 훌륭한 한 접시가 탄생해요. 일단 먹기 시작하면 포크를 놓을 수 없는 황홀한 맛을 느낄 준비 되셨나요?

티파티에 제격, 깜찍한 미니 선인장 케이크 246p
준비 지름 18cm, 높이 5cm 사각 무스링 1개 분량
재료 멥쌀가루 5컵, 커피가루 3큰술, 거피팥가루 1컵, 생크림 4큰술
　　　 따뜻한 물 3큰술, 설탕 6큰술

1 작은 볼에 커피가루와 따뜻한 물을 넣고 숟가락으로 잘 섞어요.

2 큰 볼에 멥쌀가루, 거피팥가루, 커피가루를 섞은 물을 넣고 뭉치지 않도록 손으로 골고루 비벼요.

3 또 다른 볼에 중간체를 올리고 거피팥가루와 커피가루를 섞은 멥쌀가루를 담은 뒤 손바닥으로 문지르듯 누르며 곱게 내려요. 이 과정을 두 번 반복합니다.

4 체에 내린 멥쌀가루에 설탕을 넣고 재빨리 섞어요.

* 모카 크럼블 만들기

재료 멥쌀가루 1⅓큰술, 커피가루 1/3큰술, 아몬드가루 2⅔큰술, 버터 1⅓큰술
　　　비정제 설탕 2큰술

1 볼에 분량의 재료를 모두 넣어요.

2 재료가 조금씩 뭉치는 상태가 될 때까지 손으로 고루 섞어 반죽을 만들어요.

3 오븐 팬 위에 유산지를 깔고 그 위에 반죽을 얇게 펼쳐요.

4 160도로 예열한 오븐에서 25분 동안 구워요.

1

2

3　**4**

5 6
7 8

5 돌림판 위에 찜기를 올린 뒤 키친타월을 깔고 그 위에 시루밑을 깔아요. 시루밑 가운데에
　무스링 2개를 올리고 설탕과 섞은 멥쌀가루를 부은 뒤 스크래퍼로 윗면을 정리해요.

6 무스링을 양손으로 잡고 위, 아래, 왼쪽, 오른쪽으로 조금씩 움직여 틈을 만들어요.

7 무스링을 수직으로 들어 올려 멥쌀가루가 흐트러지지 않도록 조심스럽게 빼요.

8 물이 팔팔 끓는 물솥 위에 찜기를 얹고 25분 동안 찐 후 불을 꺼요. 5분 동안 뜸을 들인
　뒤 <mark>모카 크럼블</mark>을 올려요.

얼그레이설기

준비 preparation

지름 9cm, 높이 7cm
원형 무스링 2개 분량

재료 ingredients

설기
멥쌀가루 4컵
얼그레이 찻잎 4g
뜨거운 물 1컵
설탕 4큰술

얼그레이는 스콘, 케이크 등과 같은 서양 디저트뿐만 아니라
설기와도 잘 어울려요. 얼그레이의 카테킨 성분이 항산화 작용
을 하여 건강에도 좋답니다. 같이 소개할 얼그레이밀크잼은 홍
차의 풍미와 우유의 고소함을 그대로 느낄 수 있는 별미예요.
얼그레이설기의 필링으로 활용하면 케이크를 잘랐을 때 더욱
먹음직스러운 향기가 진동한답니다.

감각적인 테이블을 만드는 양초 모양 센터피스 케이크 254p
준비 지름 9cm, 높이 7cm 원형 무스링 2개 분량
재료 멥쌀가루 4컵, 얼그레이 찻잎 4g, 뜨거운 물 1컵, 설탕 4큰술

tip__

얼그레이 찻잎은 티백에 들어 있
는 것을 사용해요. 보통 티백 1개
는 2g이에요. 책에서는 4g이 필요
하므로 티백 2개를 사용했어요.

1 2
3
4 5

1 얼그레이 찻잎에 뜨거운 물을 붓고 5분 정도 우려내요.

2 우려낸 차는 거름망에 밭쳐 찻잎을 걸러내요. 찻잎에 물기가 남지 않도록 숟가락이나 주
걱으로 꾹 눌러 짜요.

3 볼에 멥쌀가루와 체에 내린 찻물을 넣고 뭉치지 않도록 손으로 골고루 비벼요.

4 또 다른 볼에 중간체를 올리고 찻물을 섞은 멥쌀가루를 담은 뒤 손바닥으로 문지르듯 누
르며 곱게 내려요. 이 과정을 두 번 반복합니다.

5 체에 내린 멥쌀가루에 **2**에서 눌러 짠 얼그레이 찻잎과 설탕을 넣고 재빨리 섞어요.

* 얼그레이밀크잼 만들기

재료 얼그레이 찻잎 2g, 생크림 2컵, 우유 2½컵, 설탕 1컵

1 생크림, 우유, 설탕을 냄비에 넣고 중불에서 잘 저어가며 끓여요.

　　TIP 갑자기 끓어올라 넘칠 수 있으니 불 조절을 잘 하고 눌어붙지 않게 계속 저어요.

2 점성이 생긴 거품이 끓어오르면 불을 꺼요. 얼그레이가루를 넣고 고루 섞어요.

6	7
8	9
10	

6 돌림판 위에 찜기를 올리고 시루밑을 깔아요. 시루밑 가운데에 무스링 2개를 올리고 무스링의 절반 높이까지 멥쌀가루를 부어요. 그 위에 **얼그레이밀크잼**을 3큰술씩 올려요.

7 나머지 멥쌀가루를 붓고 스크래퍼로 윗면을 고르게 정리해요.

8 무스링을 양손으로 잡고 위, 아래, 왼쪽, 오른쪽으로 조금씩 움직여 틈을 만들어요.

9 무스링을 수직으로 들어 올려 멥쌀가루가 흐트러지지 않도록 조심스럽게 빼요.

10 물이 팔팔 끓는 물솥 위에 찜기를 얹고 25분 동안 찐 후 불을 꺼요. 5분 동안 뜸을 들여요.

언제나 첫 시작은 설레고 떨리기 마련이에요.
첫 번째 앙금플라워 떡케이크를 만드는 설렘을 오래 간직할 수 있도록
쉽게 만들 수 있는 아기자기한 케이크부터 차근차근 시작해요.

3.

작고 귀여운 케이크로 시작해요

FLOWER
Beanpaste Flower
CAKE

설기
백설기

앙금플라워
체리블라썸
데이지
소국

어레인지
블라썸 스타일

작은 꽃 여러 송이로 만드는 컵케이크

쇼케이스에 진열된 형형색색의 컵케이크를 보고 탄성을 질러 본 적이 있나요? 그렇다면 가장 처음 소개할 이 앙증맞은 앙금 플라워 컵케이크들과 금방 사랑에 빠질 거예요. 설기로 만든 컵케이크 위에 조그맣고 아기자기한 꽃들을 소담스럽게 올린 작은 꽃 컵케이크를 만들어보세요.

체리블라썸
파이핑하기

준비 **preparation**

꽃잎
tip number : 103번
조색 : 연한 분홍색(비트)

수술
tip number : 1번
조색 : 와인색(청치자 1 + 비트 2)

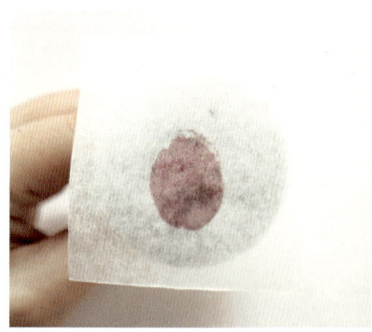  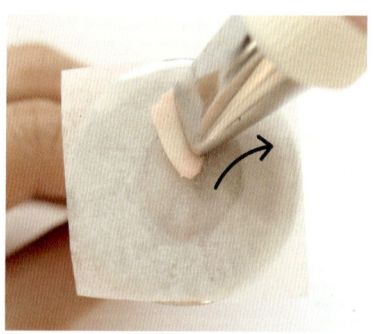

1	2	3

1 유산지를 네일보다 조금 크게 잘라요. 네일 위에 앙금을 살짝 짠 뒤 그 위에 유산지를 붙여요.

2 103번 팁의 굵은 부분을 네일에 대고 45도로 세워 잡아요. 이때 팁의 얇은 부분은 11시 방향을 봅니다.

3 오른쪽으로 팁을 이동시키며 일정한 힘으로 앙금을 짜요.

tip__

꽃잎의 가운데 부분에서 조금
더 힘주어 앙금을 짜면 통통한
잎 모양을 표현할 수 있어요.

tip__

꽃이 완성되면 네일에서 유산
지를 떼어낸 다음 냉동실에 넣
어 2시간 이상 얼려요. 꽃이 얼
면 손으로 유산지를 떼어낸 뒤
사용해요.

4	5
6	7
8	

4 꽃잎의 가운데 부분에 왔을 때 팁을 0.3cm 정도 올리면서 왼손으로 네일을 반시계 방향
으로 천천히 돌려 동그란 모양의 잎을 만들어요.

5 손에 힘을 빼면서 꽃의 중심부 쪽으로 팁을 가볍게 슥 내려 부채꼴 모양의 첫 번째 잎을
완성해요.

6 두 번째 잎은 첫 번째 잎의 뒤쪽으로 살짝 들어간 위치에서 시작해 같은 방법으로 만들어요.

7 동일한 방법으로 3개의 꽃잎을 더 만들어요. 이때 꽃잎을 겹치듯 만드는 것이 중요해요.

8 1번 팁으로 꽃의 중심부에 3개의 도트를 짜서 수술을 표현해요.

데이지
파이핑하기

꽃잎
tip number : 103번
조색 : 흰색

수술
tip number : 1번
조색 : 노란색(단호박)

1 유산지를 네일보다 조금 크게 잘라요. 네일 위에 앙금을 살짝 짠 뒤 그 위에 유산지를 붙여요.
2 103번 팁의 끝부분 전체를 네일의 위쪽에 대고 45도로 세워 잡아요. 이때 팁의 얇은 부분은 1시 방향을 봅니다.
3 오른쪽 아래로 팁을 이동시키며 일정한 힘으로 앙금을 짜요.

1	
2	3

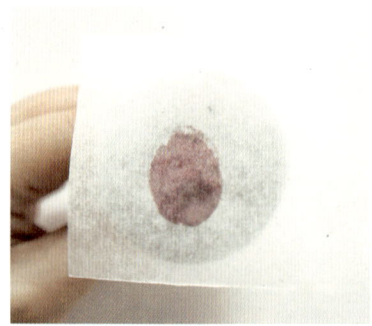

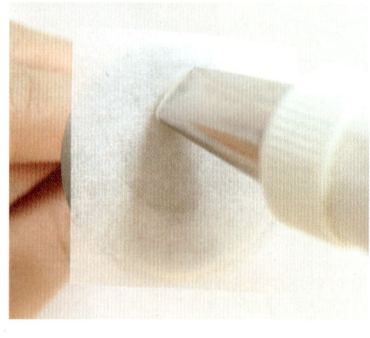

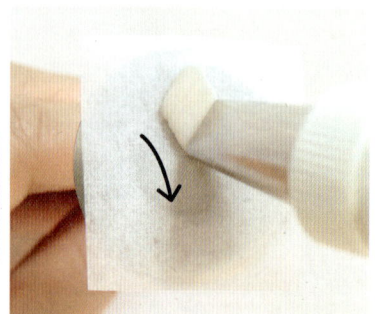

*tip*__

네일의 중간에서 손에 힘을 완
전히 빼고 팁을 수직으로 들어
올려 마무리해야 깔끔한 잎 모
양을 표현할 수 있어요.

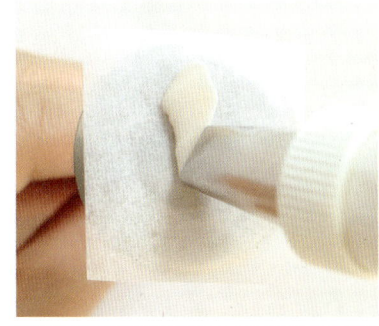 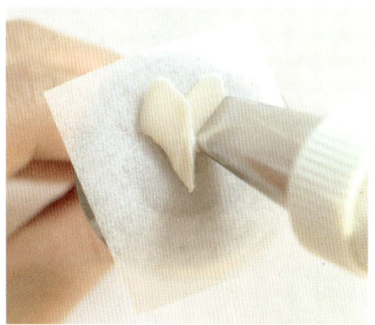

*tip*__

꽃이 완성되면 네일에서 유산
지를 떼어내고 냉동실에 넣어
2시간 이상 얼려요. 꽃이 얼면
손으로 유산지를 떼어낸 뒤 사
용해요.

4	5
6	
7	

4 네일의 중간까지 팁이 내려왔을 때 손에 힘을 빼며 팁을 가볍게 슥 내려 긴 다이아몬드
모양의 첫 번째 잎을 완성해요.

5 두 번째 잎은 첫 번째 잎의 뒤쪽으로 살짝 들어간 위치에서 시작해 같은 방법으로 만들어요.

6 동일한 방법으로 10개의 꽃잎을 더 만들어요. 이때 꽃잎을 겹치듯 만드는 것이 중요해요.

7 1번 팁으로 꽃의 중심부에 도트를 촘촘하게 짜서 돔 모양의 수술을 만들어요.

소국
파이핑하기

준비 preparation

기둥
tip number : 12번
조색 : 흰색

꽃잎
tip number : 81번
조색 : 민트색(청치자 1 + 클로렐라 1)

수술
tip number : 1번
조색 : 갈색(코코아)

시작

| 1 | 2 | 3 |

1 12번 팁을 네일 위에 수직으로 세워 잡은 뒤 지름 1.5cm, 높이 1cm 크기의 기둥을 만들어요.

2 81번 팁의 끝부분 전체를 기둥의 2/3 지점에 대고 70도로 세워 잡아요. 오른쪽으로 팁을 이동시키며 처음에는 힘주어 앙금을 짜다가 손에 점점 힘을 빼면서 팁을 떼어 끝이 얇은 첫 번째 잎을 완성해요.

3 두 번째 잎은 첫 번째 잎의 가운데 안쪽에서 시작해 같은 방법으로 만들어요.

*tip*__
안쪽의 꽃잎은 바깥쪽 꽃잎보다
팁의 각도를 살짝 높게 한 후 짜요.

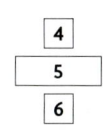

4 동일한 방법으로 10개의 꽃잎을 더 만들어 소국의 바깥쪽 꽃잎을 완성해요. 이때 꽃잎을 겹치듯 만드는 것이 중요해요.

5 소국의 안쪽 꽃잎을 만들 차례예요. 처음에 만든 꽃잎과 마찬가지로 기둥 위의 2/3 지점에 팁을 댄 후 앞서 만든 꽃잎 사이사이에 동일한 방법으로 10개의 꽃잎을 만들어요.

6 1번 팁으로 꽃의 중심부에 도트를 촘촘하게 짜서 수술을 표현해요. 수술 가운데가 볼록하게 올라오도록 짜면 더욱 예뻐요.

블라썸 스타일로
어레인지하기

준비 **preparation**

백설기 74p
지름 9cm, 높이 7cm
실리콘 몰드 컵설기 3개

체리블라썸 128p
13개

데이지 130p
13개

소국 132p
13개

나뭇잎
tip number : 352번
조색 : 연두색(녹차)

여분의 앙금

1 스패튤라를 사용하여 컵설기 위
　에 앙금을 볼록하게 발라요.
2 미리 만들어서 얼려둔 데이지를
　설기 가장자리에 한 송이 올려요.

1
2

3 동일한 방법으로 설기의 바깥쪽 라인을 따라 데이지를 올려요.

4 설기의 중심부에 데이지를 한 송이 올려요.

5 앙금이 보이지 않도록 데이지를 조금씩 겹쳐 올려 빈틈을 채워요.

6 352번 팁으로 꽃 사이사이의 빈틈에 작고 뾰족한 나뭇잎을 짜 넣어요. 처음에는 힘주어
앙금을 짜다가 서서히 손의 힘을 빼면서 끝을 뽑듯이 올려요.

7 데이지와 같은 방법으로 체리블라썸, 소국을 올려 3개의 컵케이크를 완성해요.

FLOWER CAKE

Beanpaste Flower

설기
백설기

앙금플라워
거베라
스카비오사
헬레보루스
백일홍

큰 꽃 한 송이로 만드는 컵케이크

무심한 듯 내미는 한 송이 꽃. 이런 선물 참 좋잖아요. 이제 생화 대신 앙금플라워 한 송이가 올라간 컵케이크를 선물해보세요. 큰 꽃 한 송이로 만드는 컵케이크는 설기 위에 바로 꽃을 짜기 때문에 만들기 쉽고 간편해요. 작고 귀여운 꽃을 만들며 손을 풀었다면 본격적으로 크고 정교한 앙금플라워를 만드는 재미도 느낄 수 있답니다.

거베라
파이핑하기

준비 preparation

백설기 74p
지름 9cm, 높이 7cm
원형 무스링 크기

꽃잎
tip number : 104번
조색 : 연한 분홍색(비트 1 + 단호박 3)

수술
tip number : 13번
조색 : 갈색(코코아)

나뭇잎 66p
tip number : 123번
조색 : 초록색(클로렐라)

1 돌림판 위에 백설기를 올려요.
  123번 팁으로 백설기 가장자리
  에 길이가 짧고 둥그런 4개의 나
  뭇잎을 만들어요.

2 104번 팁의 끝부분 전체를 설기
  에 대고 75도로 세워 잡아요. 이
  때 팁의 얇은 부분은 12시 방향
  을 봅니다.

1
2

*tip*__

중심부에서 조금 떨어진 곳에서 시작해야 수술을 만들 수 있어요.

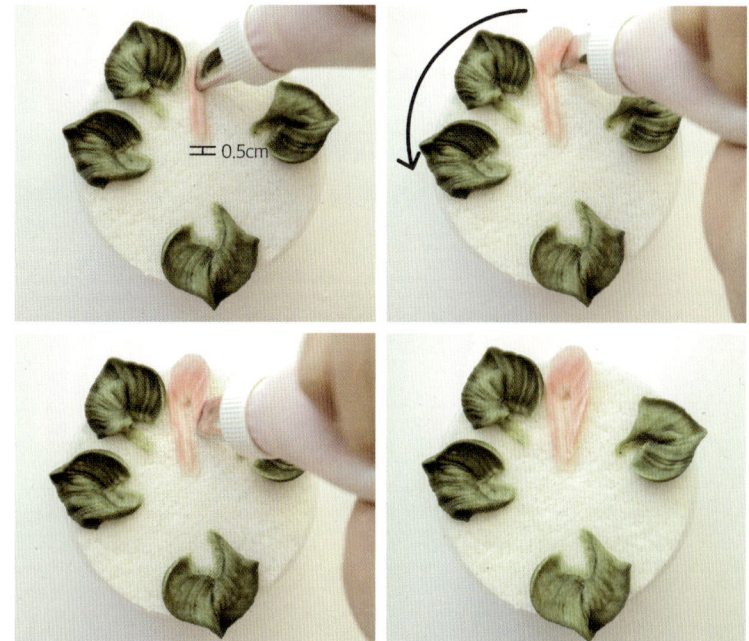

3 4

5

3 설기 중심부에서 0.5cm 떨어진 지점부터 시작해 위쪽으로 팁을 이동시키며 일정한 힘으로 앙금을 짜요.

4 꽃잎 가운데 부분에서 돌림판을 살짝 반시계 방향으로 돌려 거베라의 얇고 동그란 잎 모양을 표현해요. 이때 돌림판을 많이 돌리면 꽃잎이 넓어져 예쁘지 않아요.

5 손에 힘을 빼면서 꽃잎 중심부 쪽으로 팁을 내려 긴 물방울 모양의 첫 번째 잎을 완성해요.

6 두 번째 잎은 첫 번째 잎의 뒤쪽으로 살짝 들어간 위치에서 시작해 같은 방법으로 만들어
요. 14개의 꽃잎을 더 만들어 거베라의 바깥쪽 꽃잎을 완성해요.

7 거베라의 안쪽 꽃잎을 만들 차례예요. 처음에 만든 꽃잎과 마찬가지로 설기 중심부에서
0.5cm 떨어진 지점에 팁을 댄 후 앞서 만든 꽃잎 사이사이에 동일한 방법으로 16개의
꽃잎을 만들어요.

8 13번 팁으로 꽃의 중심부 근처에 도트를 콕콕 찍듯이 짜서 링 모양의 수술을 표현해요.

스카비오사
파이핑하기

준비 **preparation**

백설기 74p
지름 9cm, 높이 7cm
원형 무스링 크기

꽃잎
tip number : 124k번
조색 : 연한 보라색(청치자 1 + 백년초 1)
　　　하늘색(청치자)

수술
tip number : 1번
조색 : 연두색(녹차)

나뭇잎 66p
tip number : 123번
조색 : 초록색(클로렐라)

*tip*__
나뭇잎이 설기 밖으로 많이 나가
지 않아야 끝이 아래로 처지지 않
아요.

1　2

1 돌림판 위에 백설기를 올려요. 123번 팁으로 백설기 가장자리에 길이가 짧고 둥그런 5개
　　의 나뭇잎을 만들어요.
2 124k번 팁의 끝부분 전체를 설기에 대고 75도로 세워 잡아요. 이때 팁의 얇은 부분은 11
　　시 방향을 봅니다.

tip__

꽃잎을 짜는 동안 팁을 위아래
로 계속 흔들어야 자연스러운
주름이 표현돼요.

3

4 | 5

6 | 7

3 설기 중심부에서 2cm 떨어진 지점부터 시작해 오른쪽 위로 팁을 이동시키며 일정한 힘
으로 앙금을 짜요. 이때 스카비오사의 주름진 잎을 표현하기 위해 팁을 위아래로 흔들면
서 이동해요.

4 꽃잎 가운데 부분에서 돌림판을 살짝 반시계 방향으로 돌려 동그란 모양의 잎을 만들어요.

5 손에 힘을 빼면서 꽃잎 중심부 쪽으로 팁을 가볍게 쓱 내려 첫 번째 잎을 완성해요.

6 두 번째 잎은 첫 번째 잎과 살짝 간격을 두고 같은 방법으로 만들어요.

7 동일한 방법으로 4개의 꽃잎을 더 만들어 스카비오사의 바깥쪽 꽃잎을 완성해요. 이때
꽃잎 사이사이에 조금씩 간격을 두고 만드는 것이 중요해요.

*tip*___

안쪽의 꽃잎은 바깥쪽 꽃잎의 크
기보다 조금씩 작게 만들어야 스
카비오사의 화려함이 살아나요.

8
9

8 스카비오사의 중간 꽃잎을 만들 차례예요. 설기 중심부에서 1cm 떨어진 지점에 팁을 댄
후 앞서 만든 꽃잎 사이사이에 같은 방법으로 6개의 꽃잎을 만들어요.

9 안쪽의 꽃잎은 기존 꽃잎의 2/3 크기로 작게 만들어요. 설기 중심부에서 0.5cm 떨어진
지점에 팁을 댄 후 앞서 만든 꽃잎 사이사이에 동일한 방법으로 6개의 꽃잎을 만들어요.

| 10 |
| 11 | 12 |

*tip*__

수술을 만들 때 두세 가지의
색을 사용하여 도트를 짜면 한
층 더 감각적으로 표현돼요.

10 스카비오사 중심부의 꽃잎은 기존 꽃잎의 1/3 크기로 아주 작게 만들어요. 설기 중심부
에서 0.5cm 떨어진 지점부터 시작해 같은 방법으로 5개의 꽃잎을 만들어요.

11 1번 팁으로 꽃의 중심부에 앙금을 짜 도톰하게 채워요.

12 앙금 위로 작은 구슬 모양의 도트를 촘촘하게 짜서 수술을 표현해요.

헬레보루스
파이핑하기

백설기 74p
지름 9cm, 높이 7cm
원형 무스링 크기

꽃잎
tip number : 104번
조색 : 진한 빨간색(비트 3 + 단호박 2)

큰 수술
tip number : 6번
조색 : 하늘색(청치자)

작은 수술
tip number : 13번
조색 : 검은색(청치자 1 + 코코아 1)

나뭇잎 66p
tip number : 123번
조색 : 초록색(클로렐라)

1 돌림판 위에 백설기를 올려요. 123번 팁으로 백설기 가장자리에 길이가 짧고 둥그런 6개의 나뭇잎을 만들어요. 104번 팁의 끝부분 전체를 설기에 대고 80도로 세워 잡아요. 이때 팁의 얇은 부분은 11시 방향을 봅니다.

2 설기 중심부에서 2cm 떨어진 지점에서 시작해 위로 팁을 이동시키며 일정한 힘으로 앙금을 짜요.

3 꽃잎 가운데 부분에서 잠시 멈췄다가 팁을 내리는 순간에 조금 더 힘주어 앙금을 짜면 헬레보루스의 뾰족한 잎 모양을 표현할 수 있어요. 손에 힘을 빼며 꽃잎 중심부 쪽으로 팁을 가볍게 슥 내려 꽃잎을 완성해요.

4 동일한 방법으로 8개의 꽃잎을 더 만들어 바깥쪽 꽃잎을 완성해요.

멈춤

2cm

1	2
3	4

tip__
이때 팁의 얇은 부분을 설기에
서 0.3cm 정도 살짝 올리면서
짜면 꽃의 입체감이 살아나요.

4
5
6

4 헬레보루스의 안쪽 꽃잎을 만들 차례예요. 처음에 만든 꽃잎과 마찬가지로 설기 중심부
에서 2cm 떨어진 지점에 팁을 댄 후 앞서 만든 꽃잎 사이사이에 같은 방법으로 9개의
꽃잎을 만들어요.

5 가장 안쪽의 꽃잎은 앞선 꽃잎의 2/3 길이로 살짝 짧게 만들어요. 앞서 만든 꽃잎과 동일
한 방법으로 9개의 꽃잎을 만들어요. 6번 팁으로 꽃의 중심부에 1개의 도트를 짜서 구슬
모양의 큰 수술을 만들어요.

6 13번 팁으로 구슬 모양의 수술 주변에 작은 도트를 콕콕 찍듯이 둘러 짜요.

백일홍
파이핑하기

백설기 74p
지름 9cm, 높이 7cm
원형 무스링 크기

꽃잎
tip number : 103번
조색 : 노란색(단호박)

수술
tip number : 1번
조색 : 연두색(녹차)

나뭇잎 66p
tip number : 123번
조색 : 초록색(클로렐라)

여분의 앙금

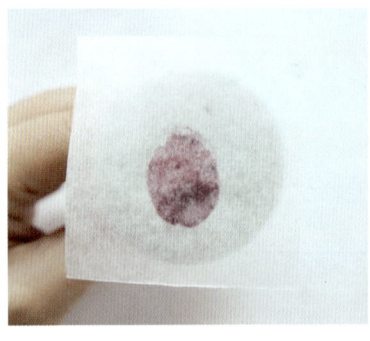

1 2

1 유산지를 네일보다 조금 크게 잘라요. 네일 위에 앙금을 살짝 짠 뒤 그 위에 유산지를 붙여요.

2 103번 팁의 굵은 부분을 네일에 대고 45도로 세워 잡아요. 이때 팁의 얇은 부분은 11시 방향을 봅니다.

3 4
5
6

*tip*__
나뭇잎이 설기 밖으로 많이 나
가지 않게 짜요.

3 오른쪽으로 팁을 이동시키며 일정한 힘으로 앙금을 짜요. 꽃잎의 가운데 부분에 왔을 때
팁의 얇은 부분을 0.3cm 정도 올리면서 오른쪽으로 이동시켜 동그란 모양의 잎을 만들
어요. 이때 왼손으로 네일을 반시계 방향으로 천천히 돌려요.

4 손에 힘을 **빼**면서 꽃의 중심부 쪽으로 팁을 가볍게 슥 내려 부채꼴 모양의 꽃잎을 완성
해요. 같은 방법으로 26개의 꽃잎을 만들어 유산지 채로 냉동실에 넣고 2시간 이상 얼려
요. 꽃잎이 얼면 손으로 유산지를 떼어낸 뒤 사용해요.

5 돌림판 위에 백설기를 올려요. 스패튤라를 사용하여 백설기 위에 앙금을 도톰하게 펴 발
라요.

6 123번 팁으로 백설기 가장자리에 8개의 나뭇잎을 만들어요.

*tip*__

첫 번째 바퀴는 나뭇잎 위로 바짝
붙여 꽂아야 층층이 올렸을 때 예
쁜 백일홍이 만들어져요.

7
8	9

7 미리 만들어서 얼려둔 꽃잎을 설기 중심부에서 3cm 떨어진 지점부터 꽂아요. 이때 꽃잎
사이사이에 조금씩 간격을 두고 7개를 꽂아 백일홍의 바깥쪽 꽃잎을 완성해요.

8 앞서 꽂은 꽃잎 사이사이에 같은 방법으로 7개의 꽃잎을 꽂아 중간 꽃잎을 만들어요.

9 동일한 방법으로 7개씩 꽃잎을 꽂아 꽃 안쪽을 채워나가요. 이때 꽃의 중심부에 가까워
질수록 꽃잎의 각도를 조금씩 세워 꽂는 것이 중요해요.

10 1번 팁으로 꽃의 중심부에 도트를 촘촘하게 짜서 수술을 만들어요. 이때 두 가지 이상의
색을 사용해 번갈아 짜면 더욱 화사하게 표현할 수 있어요.

설기
블루베리설기

앙금플라워
장미

어레인지
부케 스타일

아낌없이 피어난
백만 송이 장미 부케 케이크

구름 한 점 없이 맑은 봄날, 앳된 손에 수줍게 들려 있는 스무 송이의 장미 꽃다발은 한 폭의 그림처럼 싱그럽지요. 분홍빛 장미를 부케 모양으로 올린 케이크로 잊지 못할 성년의 날을 함께해보세요. 꽃의 여왕으로 불리는 장미는 앙금플라워를 대표하는 가장 기본적인 꽃이기도 하니 꾸준히 연습하도록 해요.

장미
파이핑하기

준비 **preparation**

기둥
tip number : 12번
조색 : 흰색

꽃잎
tip number : 104번
조색 : 분홍색(비트)

1 12번 팁을 네일 위에 수직으로
세워 잡은 뒤 지름 2cm, 높이
2cm 크기의 기둥을 만들어요.
마무리할 때 손에 힘을 빼고 살
짝 원을 그리면서 팁을 떼 윗면
이 평평한 기둥을 만들어요.

2 104번 팁의 굵은 부분을 기둥 중
심부에 살짝 박고 70도로 세워
잡아요. 이때 팁의 얇은 부분은
11시 방향을 봅니다.

1
2

*tip*__

옆에서 봤을 때 기둥 윗면이 평
평해야 그 위에 장미의 봉오리
를 만들 수 있어요.

*tip*__

봉오리의 구멍이 작아야 정교
하고 예쁜 장미가 만들어져요.

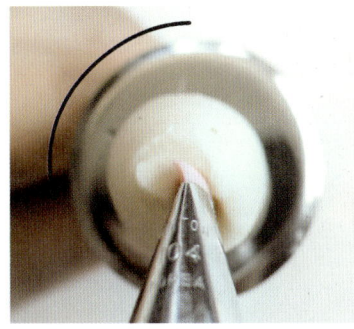 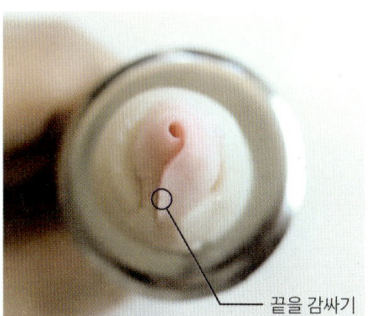

끝을 감싸기

*tip*__

팁을 봉오리에 바짝 붙여 짜야
자연스럽게 감싸는 잎 모양이
돼요.

3
4
5

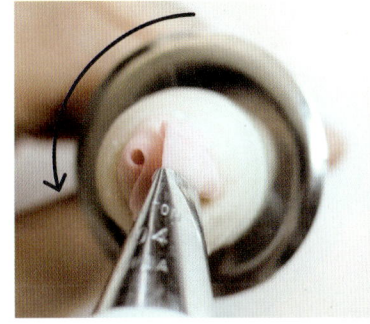 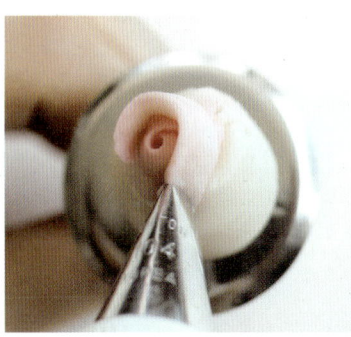

3 일정한 힘으로 앙금을 짜면서 팁의 위치는 고정한 채 네일만 반시계 방향으로 한 바퀴 돌려 봉오리를 만들어요. 시작점과 만날 때 조금 더 힘주어 앙금을 짜면 끝을 감싸는 모양이 돼요.

4 팁의 굵은 부분을 봉오리 높이의 3/4 지점에 살짝 박고 70도로 세워 잡아요. 이때 팁의 얇은 부분은 11시 방향을 봅니다.

5 일정한 힘으로 앙금을 짜면서 네일을 반시계 방향으로 천천히 돌려요. 봉오리 둘레의 3/4을 감쌌을 때 손에 힘을 빼면서 아래쪽으로 팁을 내려 첫 번째 잎을 완성해요.

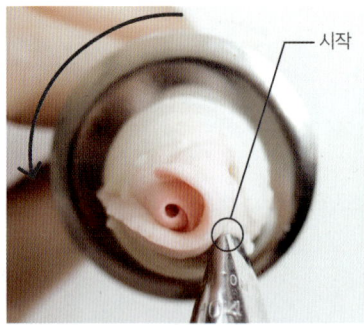

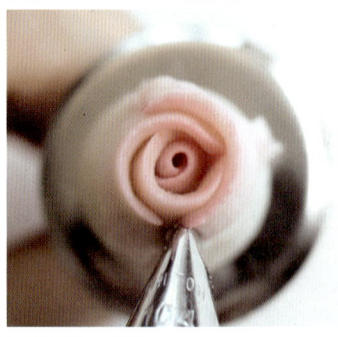

tip__

옆에서 봤을 때 U자를 거꾸로 엎어
놓은 아치형 모양이면 좋아요.

6

7

8

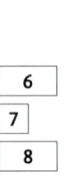
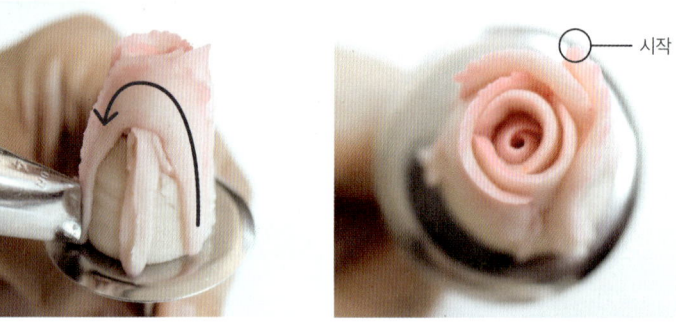

6 두 번째 잎은 첫 번째 잎의 바깥쪽 가운데에서 시작해 같은 방법으로 만들어요. 반 바퀴
를 돌아 첫 번째 잎이 끝난 지점과 만나면 손에 힘을 빼면서 아래쪽으로 팁을 내려요.

7 세 번째 잎도 두 번째 잎의 바깥쪽 가운데에서 시작해 동일한 방법으로 만들어요.

8 네 번째 잎은 세 번째 잎의 가운데 위치에서 시작해요. 팁의 굵은 부분을 네일에 대고 10
도로 세워 잡아요. 기둥을 긁듯이 팁을 위쪽으로 이동시키며 일정한 힘으로 앙금을 짜요.
앞서 만든 꽃잎의 높이까지 올라왔을 때 팁을 살짝 왼쪽으로 돌려 동그란 잎 모양을 만
들고 손에 힘을 빼면서 아래쪽으로 내려요.

둘레의
1/3 길이

더 활짝
핀 모양

*tip*__

더 큰 장미를 원한다면 원하는
크기가 될 때까지 높이를 조금
씩 낮춰가며 같은 방법으로 한
바퀴씩 만들어 나가면 돼요.

9

10

11

9 동일한 방법으로 5개의 꽃잎을 만들어요. 이때 꽃잎은 꽃 전체 둘레의 1/3을 감싸는 길
   이로 만들어요.

10 앞서 만든 5개의 꽃잎보다 높이만 약간 낮춰 같은 방법으로 5개의 꽃잎을 더 만들어요.
   이때 꽃잎의 가운데 부분에서 팁을 오른쪽으로 살짝 눕혀 짜면 바깥쪽으로 더 활짝 핀
   잎 모양을 표현할 수 있어요.

11 원하는 꽃의 크기만큼 꽃잎을 만들었다면 팁을 완전히 오른쪽으로 눕힌 뒤 앞서 만든
   꽃잎의 1/2 높이로 낮게 5개의 꽃잎을 짜 꽃받침을 만들어요.

부케 스타일로
어레인지하기

준비 **preparation**

블루베리설기 82p
지름 15cm, 높이 7cm
원형 무스링 2개

장미 154p
24개

나뭇잎 66p
13개

미니 실리콘 몰드에 찐 설기 77p
여분의 앙금

1	2	3

tip __

앙금플라워에 볼륨감을 주기 위해
설기 가운데에 작은 크기의 설기
를 올리거나 앙금을 도톰하게 짜
올려요. 앙금을 써도 되지만 설기
를 사용하면 케이크의 무게를 크
게 줄일 수 있어요.

1 2개를 쌓아 올린 블루베리설기 가운데에 미니 실리콘 몰드에 찐 설기를 올린 뒤 설기 가
장자리에서 2cm 안쪽에 링 모양으로 앙금을 짜요.

2 꽃가위를 사용하여 앙금 바깥쪽 라인에 장미를 한 송이 올려요. 이때 장미가 케이크의 바
깥쪽을 향하도록 45도 기울여 올려요.

3 동일한 방법으로 다양한 크기의 장미를 번갈아 올려 앙금 바깥쪽 라인을 채워요.

tip__

꽃 사이사이로 나뭇잎이 들어가기
때문에 빈틈이 있어도 괜찮아요.

7cm

tip__

설기 가장자리에 나뭇잎을 꽂을
때는 깊숙이 꽂아야 얼어있던 잎
이 녹았을 때 처지지 않아요.

4	5
6	7
8	

4 앙금 안쪽 라인에도 장미 한 송이를 올려요. 이때 앙금 바깥쪽 라인보다 각도를 살짝 세
워 올려야 예쁜 부케 모양이 돼요.

5 같은 방법으로 장미를 올려 설기 중심부를 가득 채워요.

6 설기 가장자리에서 7cm 안쪽에 장미를 한 송이 올려요. 이때 꽃가위로 밑에 놓인 장미를
살짝 누르며 올려야 위에 올린 장미가 떨어지지 않아요.

7 동일한 방법으로 설기 중심부에 장미를 다섯 송이 올려요.

8 미리 만들어서 얼려둔 나뭇잎을 꽃 사이사이에 꽂아요.

소중한 날을 축하하는 자리에는 늘 케이크가 함께 하지요.
특히 내 아이의 백일과 첫돌, 부모님의 생신에는
여느 때와는 다른 특별한 케이크를 준비하고 싶어져요.
이번에는 축하하는 자리를 더욱 빛내줄 앙금플라워 떡케이크 어떨까요?

CONGRATS
CAKE

Beanpaste Flower

설기
백설기

앙금플라워
수국

어레인지
돔 스타일

순수함의 결정체,
수국 한가득 돔 케이크

앙금으로 만든 수국은 특유의 소박한 듯 화려한 모습으로 인기
가 많아요. 특히 눈처럼 하얀 백설기와 만나면 그 진가가 더욱
발휘된답니다. 아이가 태어난 지 백일을 기념하는 날에 완전무
결한 수국 떡케이크를 선물해보세요. 물기를 머금은 봉오리가
톡 터지듯 피어나는 청초함이 자리를 눈부시게 빛내줄 거예요.

수국
파이핑하기

준비 **preparation**

꽃잎

tip number : 103번

조색 : 하늘색(청치자)

수술

tip number : 1번

조색 : 하늘색(청치자)

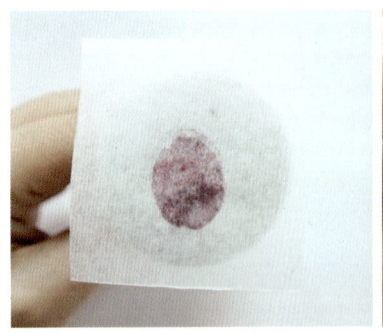  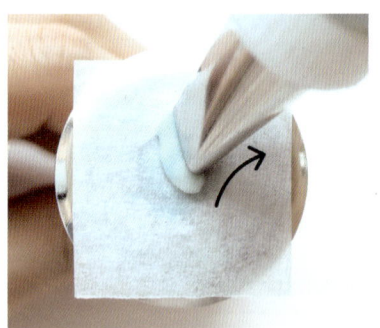

| 1 | 2 | 3 |

1 유산지를 네일보다 조금 크게 잘라요. 네일 위에 앙금을 살짝 짠 뒤 그 위에 유산지를 붙여요.

2 103번 팁의 굵은 부분을 네일에 대고 45도로 세워 잡아요. 이때 팁의 얇은 부분은 11시 방향을 봅니다.

3 오른쪽으로 팁을 이동시키며 일정한 힘으로 앙금을 짜요.

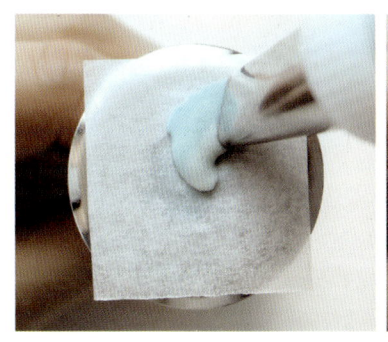 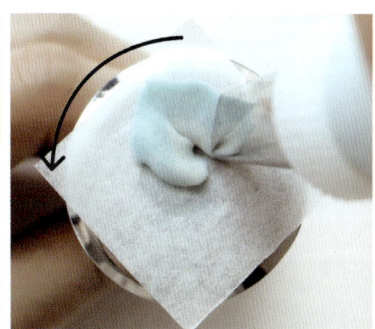 

*tip*___
'ㄱ'자를 그리듯 짜면 깔끔한 잎 모
양을 표현할 수 있어요.

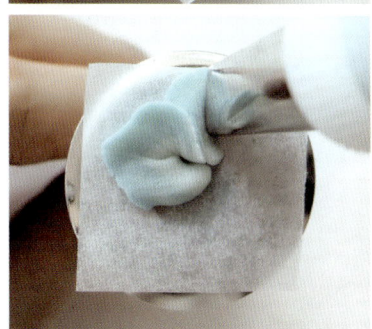 

*tip*___
꽃이 완성되면 네일에서 유산지를
떼어낸 다음 냉동실에 넣어 2시간
이상 얼려요. 꽃이 얼면 손으로 유
산지를 떼어낸 뒤 사용해요.

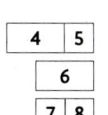

4 꽃잎 가운데 부분에서 잠시 멈췄다가 팁을 내리는 순간에 조금 더 힘주어 앙금을 짜 뾰족
한 모양의 잎을 만들어요. 이때 왼손으로 네일을 반시계 방향으로 천천히 돌려요.

5 손에 힘을 빼며 꽃의 중심부 쪽으로 팁을 가볍게 슥 내려 첫 번째 잎을 완성해요.

6 두 번째 잎은 첫 번째 잎의 살짝 뒤쪽에서 시작해 같은 방법으로 만들어요.

7 동일한 방법으로 2개의 꽃잎을 더 만들어요. 이때 꽃잎을 겹치듯 만드는 것이 중요해요.

8 1번 팁으로 꽃의 중심부에 1개의 도트를 찍어 수술을 표현해요.

돔 스타일로
어레인지하기

tip__

앙금플라워에 볼륨감을 주기 위해
떡케이크 가운데에 작은 크기의
설기를 올리거나 앙금을 두껍게
짜 올려요. 이때 설기를 사용하면
케이크의 무게를 줄일 수 있어요.

1 | 2

1 2개를 쌓아 올린 백설기 가운데에 미니 실리콘 몰드에 찐 설기를 올려요.
2 미니 실리콘 몰드에 찐 설기의 주변과 위쪽에 앙금을 짜서 돔 모양을 만들어요.

tip__

앙금플라워에 볼륨감을 주기
위해 케이크 가운데에 작은 크
기의 설기를 올리거나 앙금을
도톰하게 짜 올려요. 이때 설기
를 사용하면 케이크의 무게를
크게 줄일 수 있어요.

3
4
5

3 만들어둔 수국을 돔 모양의 앙금 바깥쪽 라인에 올려요. 이때 꽃 사이사이가 보이지 않도
록 조금씩 겹치게 올려요.
4 앙금의 위쪽도 동일한 방법으로 수국을 겹쳐 올려 빈틈없이 채워요.
5 미리 만들어서 얼려둔 나뭇잎을 꽃 사이사이에 꽂아요.

CONGRATS
Beanpaste Flower
CAKE

설기
고구마설기

앙금플라워
프리지어

어레인지
블라썸 스타일

따스한 마음이 느껴지는 프리지어 블라썸 케이크

다양한 크기와 모양의 프리지어를 한가득 올린 프리지어 블라썸 케이크를 소개할게요. 생기 넘치는 노란색의 프리지어가 정말 귀엽지요. 프리지어 블라썸 케이크로 가까운 이의 졸업이나 입학을 축하해보세요. 봄날 오후의 햇살처럼 따뜻한 마음을 전하기에 딱 좋은 케이크랍니다.

프리지어
파이핑하기

준비 preparation

기둥
tip number : 12번
조색 : 흰색

꽃잎
tip number : 61번
조색 : 진한 노란색(단호박 2 + 녹차 1)

수술
tip number : 1번
조색 : 갈색(코코아)

수술 없는 프리지어 만들기

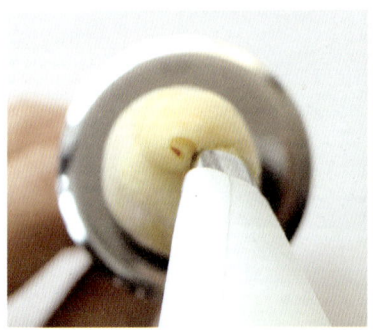
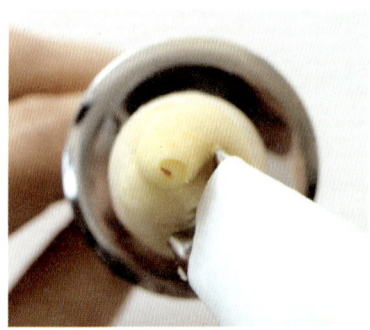

| 1 | 2 | 3 |

tip__
봉오리의 구멍이 작아야 예쁜 프
리지어가 만들어져요.

1 12번 팁을 네일 위에 수직으로 세워 잡은 뒤 지름 2cm, 높이 1cm 크기의 기둥을 만들어요.

2 61번 팁의 굵은 부분을 기둥 중심부에 살짝 박고 70도로 세워 잡아요. 이때 팁의 얇은 부분은 11시 방향을 봅니다. 일정한 힘으로 앙금을 짜면서 왼손으로 네일을 반시계 방향으로 한 바퀴 반 정도 돌려 봉오리를 만들어요.

3 팁의 끝부분 전체를 기둥에 대고 80도로 세워 잡아요. 이때 팁의 얇은 부분은 1시 방향을 봅니다.

tip___

꽃잎은 봉오리 둘레의 1/3 정
도 길이가 적당해요. 이때 네일
을 돌리면 꽃잎이 너무 넓어지
므로 팁만 움직여 짜요.

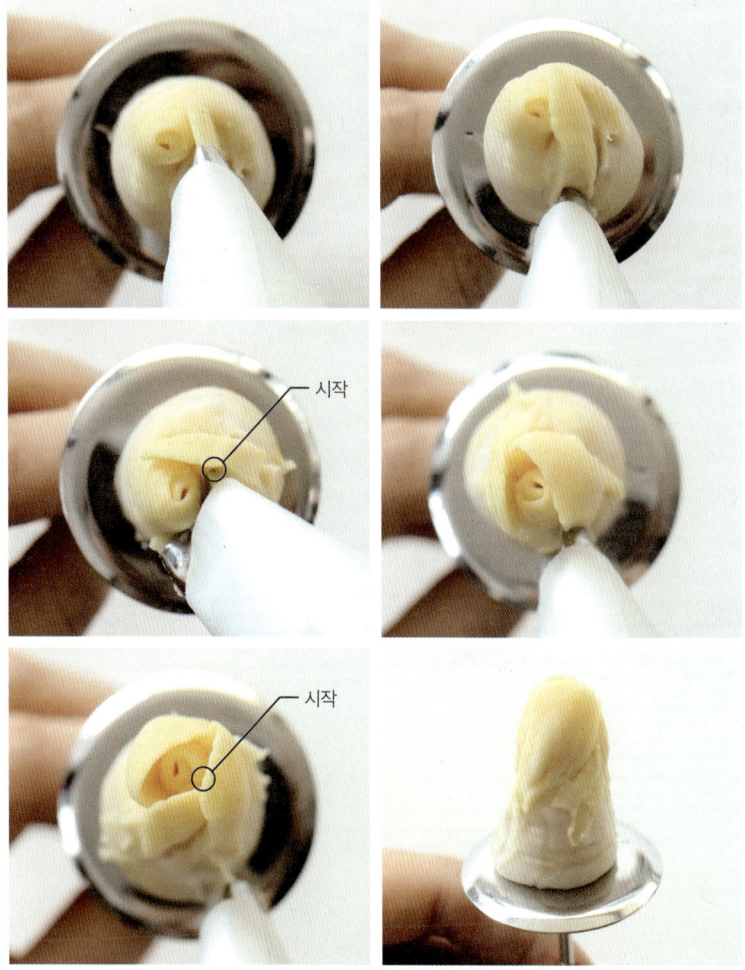

4
5
6

4 일정한 힘으로 앙금을 짜면서 팁의 얇은 부분을 위로 들어 올려 동그란 모양의 꽃잎을 만
들어요. 봉오리보다 살짝 높게 짜다가 손에 힘을 빼면서 아래쪽으로 팁을 가볍게 내리면
첫 번째 잎이 만들어져요.

5 두 번째 잎은 첫 번째 잎의 가운데 안쪽에서 시작해 같은 방법으로 만들어요. 이때 첫 번
째 잎과 살짝 겹치듯 짜는 것이 중요해요.

6 세 번째 잎도 두 번째 잎의 가운데 안쪽에서 시작해 동일한 방법으로 만들어요.

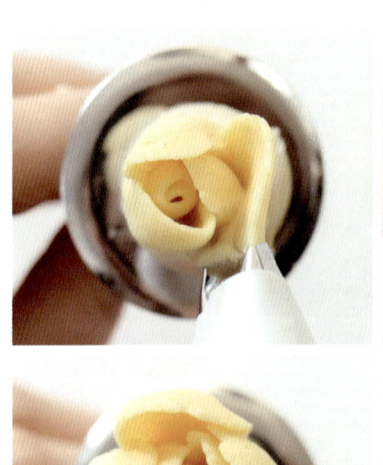

7 프리지어의 바깥쪽 꽃잎을 만들 차례예요. 같은 방법으로 짜되 앞서 만든 꽃잎보다 0.5cm
정도 높게 짜요. 이때 안으로 감싸는 잎 모양이 되도록 표현해요.

8 동일한 방법으로 4개의 꽃잎을 만들어요.

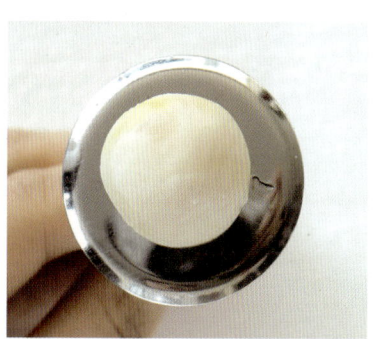

1

2 3

4

1 12번 팁을 네일 위에 수직으로 세워 잡은 뒤 지름 2cm, 높이 1cm 크기의 기둥을 만들어요.

2 61번 팁의 끝부분 전체를 기둥에 대고 90도로 세워 잡아요. 이때 팁의 얇은 부분은 1시 방향을 봅니다.

3 일정한 힘으로 앙금을 짜면서 팁의 얇은 부분을 위로 들어 올려 동그란 모양의 첫 번째 꽃잎을 완성해요.

4 두 번째 잎은 첫 번째 잎의 1/3 안쪽에서 시작해 같은 방법으로 만들어요.

tip＿
꽃잎이 2개일 때 수술을 짜야 만들
기가 훨씬 편해요.

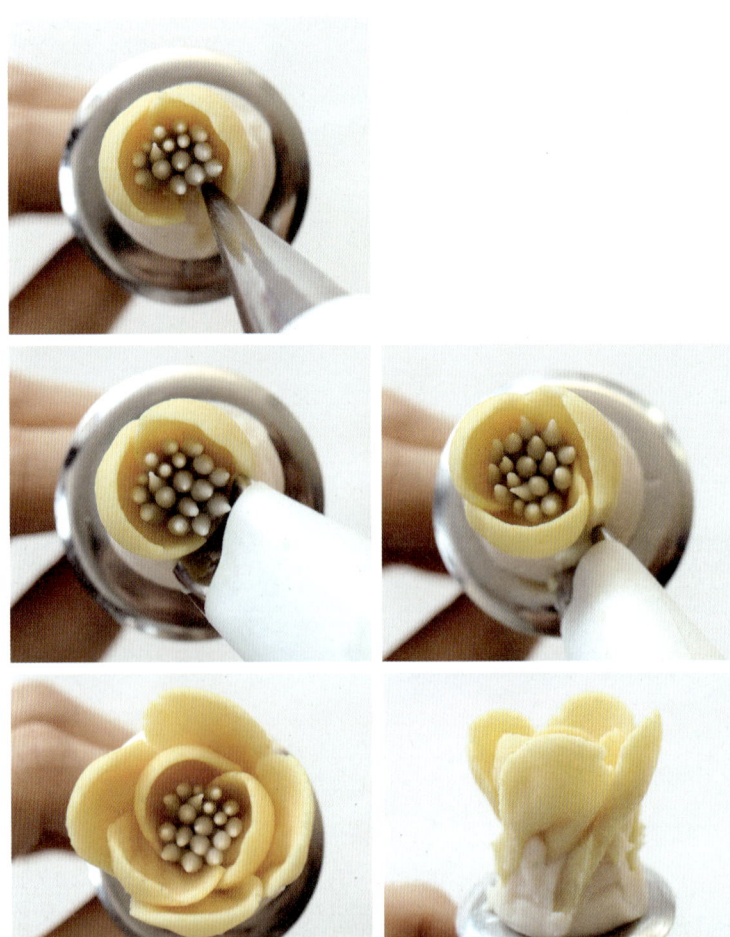

5
6
7

5 2개의 꽃잎 사이에 1cm 높이의 수술을 짜요. 시작할 때 힘주어 앙금을 짜다가 서서히 손
에 힘을 빼면서 팁을 위로 뽑듯이 올려요.

6 세 번째 잎은 두 번째 꽃잎의 1/3 안쪽에서 시작해 같은 방법으로 만들어요.

7 프리지어의 바깥쪽 꽃잎을 만들 차례예요. 같은 방법으로 짜되 앞서 만든 꽃잎보다
0.5cm 높게 4개의 꽃잎을 만들어요. 이때 팁의 얇은 부분을 살짝 오른쪽으로 눕혀 벌어
진 잎 모양이 되도록 표현해요.

*tip*__
봉오리의 구멍이 작아야 예쁜 프리지어가 만들어져요.

*tip*__
꽃잎은 봉오리 둘레의 1/3 정도를 감싸는 길이가 적당해요. 앙금을 짤 때 네일을 돌리면 꽃잎이 너무 넓어지므로 팁만 움직여 짜요.

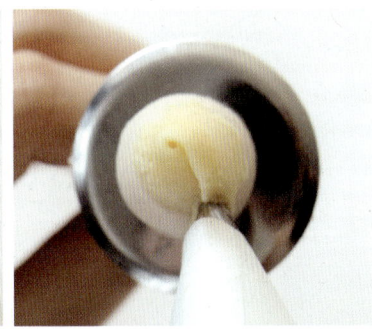

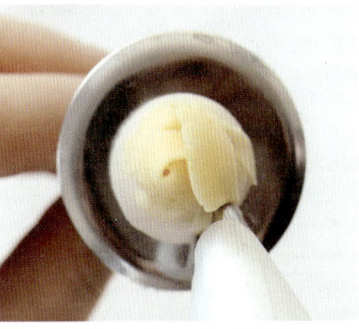
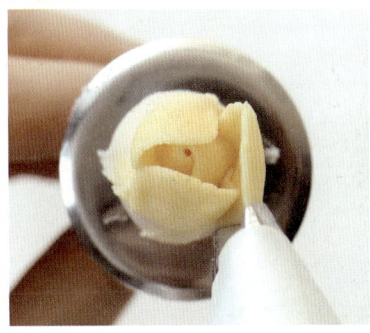

1	2
3	4
5	

1 12번 팁을 네일 위에 수직으로 세워 잡은 뒤 지름 1.5cm, 높이 1cm 크기의 기둥을 만들어요.

2 61번 팁의 굵은 부분을 기둥 중심부에 살짝 박고 70도로 세워 잡아요. 이때 팁의 얇은 부분은 11시 방향을 봅니다. 일정한 힘으로 앙금을 짜면서 왼손으로 네일을 반시계 방향으로 한 바퀴 반 정도 돌려 봉오리를 만들어요.

3 팁의 끝부분 전체를 기둥에 대고 80도로 세워 잡아요. 이때 팁의 얇은 부분은 1시 방향을 봅니다.

4 일정한 힘으로 앙금을 짜면서 팁의 얇은 부분을 위로 들어 올려 동그란 모양의 꽃잎을 만들어요. 이때 봉오리보다 살짝 높게 짜다가 손에 힘을 빼면서 아래쪽으로 팁을 내려요.

5 동일한 방법으로 3개의 꽃잎을 만들어요. 이때 잎들을 살짝 겹치게 짜는 것이 중요해요.

블라썸 스타일로
어레인지하기

1 2개를 쌓아 올린 고구마설기 가운데에 미니 실리콘 몰드에 찐 설기를 올려요. 고구마설기 가장자리에서 1cm 안쪽에 두꺼운 링 모양으로 앙금을 짜요.

2 꽃가위를 사용하여 앙금 바깥쪽 라인에 프리지어를 한 송이 올려요. 이때 프리지어가 케이크의 바깥쪽을 향하도록 30도 기울여서 올려요.

3 동일한 방법으로 수술 없는 프리지어, 수술 있는 프리지어, 프리지어 꽃봉오리를 번갈아 올려 앙금 바깥쪽 라인을 채워요.

1	
2	3

tip___
꽃이 설기 밖으로 살짝 삐져나오게 놓아야
예뻐요.

tip__
나뭇잎이 들어가기 때문에 꽃
사이사이의 빈틈을 완벽하게
채우지 않아도 돼요.

4
5
6

4 설기 중심부에 앙금을 가득 짠 뒤 가장자리부터 프리지어를 올려요. 프리지어의 크기와
모양에 변화를 주면서 중심부로 갈수록 꽃이 점점 하늘을 향하도록 올려요.

5 설기 중심부에 프리지어를 서너 송이 겹쳐 올려 풍성하게 표현해요.

6 미리 만들어서 얼려둔 나뭇잎을 꽃 사이사이에 꽂아요.

설기
밤설기

앙금플라워
대국
장미
체리블라썸

어레인지
리스 스타일

오색빛깔 꽃송이의 향연,
화려한 리스 케이크

아이의 첫돌 상에 빠지지 않는 떡, 직접 만든 떡케이크로 축하
해주는 건 어떨까요? 씹을수록 달콤 고소한 밤을 듬뿍 넣어 설
기를 만들고 화려한 색감을 자랑하는 대국과 장미, 체리블라썸
을 리스 모양으로 장식했어요. 이만하면 울고 있던 아이도 웃
게 할 회심의 케이크로 손색이 없겠지요.

대국
파이핑하기

준비 **preparation**

기둥
tip number : 12번
조색 : 흰색

꽃잎
tip number : 81번
조색 : 진한 빨간색(비트)

1 12번 팁을 네일 위에 수직으로
  세워 잡은 뒤 지름 3cm, 높이
  1.5cm 크기의 넓고 납작한 기둥
  을 만들어요.
2 81번 팁의 끝부분 전체를 기둥
  중심부에 대고 수직으로 세워 잡
  아요. 처음에는 힘주어 앙금을
  짜다가 손에 힘을 빼고 팁을 위
  로 뽑듯이 올려 작은 반원 모양
  의 첫 번째 잎을 완성해요.

1
2

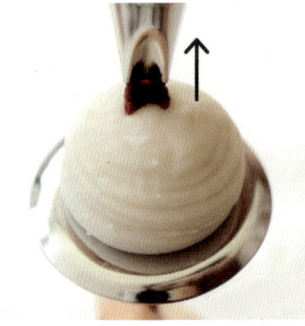

_tip___

꽃잎 끝이 서로 맞물리게 짜요.

3	4
5	
6	7

_tip___

팁을 오른쪽으로 눕혀 짜면 꽃잎
이 벌어지는 모양이 돼요.

3 두 번째 잎은 첫 번째 잎의 가운데 안쪽에서 시작해 같은 방법으로 만들어요.

4 동일한 방법으로 1개의 꽃잎을 더 만들어 대국의 중심부를 완성해요.

5 팁의 끝부분 전체를 앞서 만든 꽃잎과 꽃잎 사이에 대고 45도로 눕혀 잡아요. 중심부보다 0.2cm 정도 높게 같은 방법으로 짜서 5개의 꽃잎을 만들어요.

6 점점 팁을 오른쪽으로 눕히면서 앞서 만든 꽃잎과 꽃잎 사이에 동일한 방법으로 꽃잎을 만들어요.

7 원하는 꽃의 크기만큼 꽃잎을 만들었다면 팁을 완전히 오른쪽으로 눕힌 뒤 앞서 만든 꽃잎의 1/2 높이로 낮게 짜 꽃받침을 만들어요.

리스 스타일로
어레인지하기

준비 | preparation

밤설기 100p
지름 15cm, 높이 7cm
원형 무스링 2개

대국 180p
10개

장미 154p
5개

체리블라썸 128p
8개

라즈베리 69p
3개

나뭇잎 66p
16개

여분의 앙금

1 2개를 쌓아 올린 밤설기 가장자리에서 2cm 안쪽 위치에 두꺼운 링 모양으로 앙금을 짜요.

2 꽃가위를 사용하여 앙금 바깥쪽 라인에 대국을 한 송이 올려요. 이때 대국이 케이크의 바깥쪽을 향하도록 30도 기울여 올려요.

3 동일한 방법으로 앙금 바깥쪽 라인과 안쪽 라인에 대국을 두 송이 올려요.

*tip*__

어레인지할 때 꽃 사이사이의
빈틈을 채운다는 느낌으로 바
짝 붙여 올려요.

*tip*__

위에서 보았을 때 두꺼운 링 모
양이 되게 만들어요.

체리블라썸
올리기

라즈베리

4 5
6 7
8 9

4 같은 방법으로 앙금 바깥쪽 라인에 장미를 한 송이 올려요.

5 처음에 올렸던 대국 옆에 체리블라썸 다섯 송이를 겹쳐 올려요. 다섯 송이를 다 올렸을
때 대국 한 송이 정도 크기가 되게 만들어요.

6 대국과 장미를 번갈아 올려 앙금 바깥쪽 라인을 채워요.

7 동일한 방법으로 앙금 안쪽 라인을 대국과 장미로 채워요. 이때 앙금을 한 번 더 짠 뒤 체
리블라썸 3개를 겹쳐 올려 풍성하게 표현해요.

8 미리 만들어서 얼려둔 나뭇잎을 꽃 사이사이에 꽂아요.

9 꽃과 나뭇잎 사이에 라즈베리를 올려 빈틈을 채워요.

설기
늙은호박설기

앙금플라워
작약
리시안셔스

어레인지
블라썸 스타일

작약과 리시안셔스로 만드는
우아한 블라썸 케이크

언젠가부터 환갑, 칠순, 팔순 등 어르신들의 생신을 축하하는 자리에 앙금플라워 떡케이크를 선물하는 것이 대세가 되었어요. 탐스러운 작약과 우아한 리시안셔스를 가득 채워 올린 블라썸 케이크는 품격 있는 아름다움으로 하나만 놓아도 테이블이 눈부시게 화사해져요. 즐거운 날 잔칫상에 올려 많은 이들과 함께 잊지 못할 즐거움을 나눠보세요.

작약
파이핑하기

준비 **preparation**

기둥

tip number : 12번

조색 : 흰색

꽃잎

tip number : 123번

조색 : 주황색(비트 0.5 + 단호박 3)

1	

| 2 | 3 |

1 12번 팁을 네일 위에 수직으로 세
워 잡은 뒤 지름 2.5cm, 높이 2cm
크기의 기둥을 만들어요.

2 123번 팁의 굵은 부분을 기둥 중
심부에 살짝 박고 70도로 세워
잡아요. 이때 팁의 얇은 부분은 11
시 방향을 봅니다. 일정한 힘으로
앙금을 짜면서 왼손으로 네일을
반시계 방향으로 한 바퀴 돌려 봉
오리를 만들어요. 시작점과 만날
때 조금 더 힘주어 앙금을 짜 끝
을 감싸는 모양으로 표현해요.

3 팁의 굵은 부분을 봉오리 높이의
3/4 지점에 살짝 박고 45도로 세
워 잡아요. 이때 팁의 얇은 부분
은 11시 방향을 봅니다.

tip__
봉오리의 구멍이 작아야 정교한 작약이 만
들어져요.

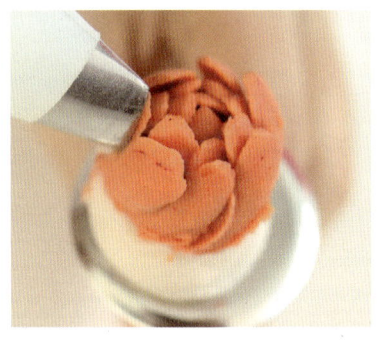

tip__
꽃잎은 바깥쪽으로 갈수록 조금
씩 크게 짜야 예쁘게 표현돼요.

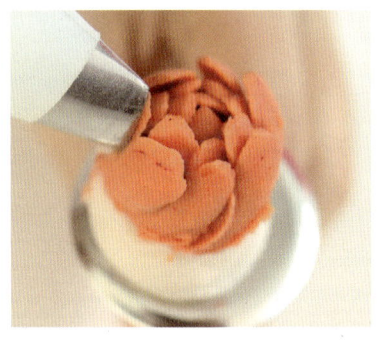

tip__
바깥쪽 꽃잎은 8개 정도 만들면
좋아요.

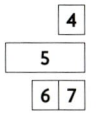

4	
5	
6	7

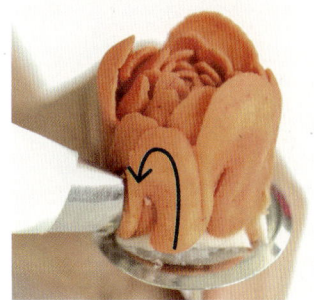

4 일정한 힘으로 앙금을 짜면서 팁을 사선 방향으로 감싸듯 내려 첫 번째 잎을 만들어요. 동일한 방법으로 봉오리를 감싸는 3개의 꽃잎을 만들어 작약의 중심부를 완성해요.

5 바깥쪽으로 갈수록 조금씩 높게 짜면서 앞서 만든 꽃잎과 동일한 방법으로 꽃잎을 짜요. 위에서 봤을 때 지름이 3cm 정도가 될 때까지 꽃잎을 만들어요.

6 작약의 바깥쪽 꽃잎을 만들 차례예요. 팁의 굵은 부분을 네일에 대고 10도로 세워 잡아요. 팁을 위쪽으로 이동시키며 일정한 힘으로 앙금을 짜요. 꽃잎의 가운데 부분에서 팁을 살짝 왼쪽으로 돌려 동그란 모양의 잎을 만들고 손에 힘을 빼면서 아래쪽으로 내려요. 앞서 만든 꽃잎을 둘러싸며 길이가 긴 꽃잎과 작은 꽃잎을 번갈아 짜요.

7 앞서 만든 꽃잎보다 약간 높게 5개의 꽃잎을 만들어 완성해요. 이때 팁을 오른쪽으로 살짝 눕혀 짜면 더 활짝 핀 잎 모양을 표현할 수 있어요.

187

리시안셔스
파이핑하기

기둥
tip number : 12번
조색 : 흰색

꽃잎
tip number : 123번
조색 : 보라색(청치자 1 + 백년초 1)

수술
tip number : 1번
조색 : 회색(청치자 1 + 코코아 1)

 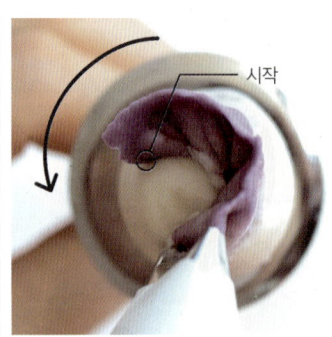 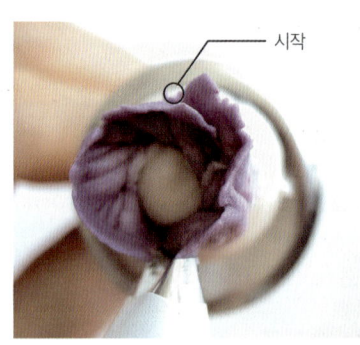

1	2	3

1 12번 팁을 네일 위에 수직으로 세워 잡은 뒤 지름 2.5cm, 높이 2cm 크기의 기둥을 만들어요.

2 123번 팁의 굵은 부분을 기둥 2/3 지점에 대고 45도로 세워 잡아요. 네일을 반시계 방향으로 돌리면서 팁을 위아래로 흔들며 이동시켜요. 기둥 둘레의 2/3 길이가 되었을 때 손에 힘을 빼고 팁을 아래쪽으로 내려 첫 번째 잎을 만들어요.

3 두 번째 잎은 첫 번째 잎의 2/3 바깥쪽에서 시작해 같은 방법으로 만들어요. 첫 번째 잎의 시작 지점과 만나면 손에 힘을 빼면서 아래쪽으로 팁을 가볍게 내려요.

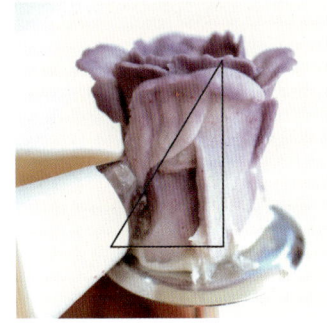

tip__
옆에서 봤을 때 직각삼각형 모양
이면 좋아요. 올라갈 때는 네일을
돌리지 않다가 꽃잎의 가운데 부
분에서 네일을 돌려 내려오기 때
문이에요.

4 세 번째 잎도 두 번째 잎의 2/3 바깥쪽에서 시작해 같은 방법으로 만들어요. 이때 꽃의
중심부가 너무 넓어지지 않게 꽃잎을 바짝 붙여 짜는 것이 중요해요.

5 리시안셔스의 바깥쪽 꽃잎을 만들 차례예요. 앞서 만든 꽃잎과 높이는 같되, 지름은 2/3
정도로 짜서 5개의 꽃잎으로 중심부의 꽃잎을 둘러싸요. 이때 팁의 굵은 부분을 네일에
대고 10도로 세워 잡은 뒤 위쪽으로 이동시키며 일정한 힘으로 앙금을 짜요. 꽃잎의 가
운데 부분에서 힘주어 위아래로 흔들어 짜 활짝 핀 잎 모양을 표현한 뒤 손에 힘을 빼면
서 아래쪽으로 내려요.

6 원하는 꽃의 크기만큼 바깥쪽 꽃잎을 만들었다면 팁을 완전히 오른쪽으로 눕힌 뒤 앞서
만든 꽃잎의 1/2 높이로 5개의 꽃잎을 짜 꽃받침을 만들어요.

7 1번 팁을 사용해 꽃의 중심부에 1cm 높이의 수술을 짜요. 시작할 때 힘주어 앙금을 짜다
가 서서히 손에 힘을 빼며 긴 수술을 표현해요.

189

블라썸 스타일로
어레인지하기

준비 **preparation**

늙은호박설기 90p
지름 15cm, 높이 7cm
원형 무스링 2개

작약 186p
10개

리시안셔스 188p
8개

나뭇잎 66p
12개

봉오리 68p
tip number : 3번
조색 : 진한 초록색(쑥)
　　　 빨간색(비트)

미니 실리콘 몰드에 찐 설기 77p
여분의 앙금

1 2개를 쌓아 올린 늙은호박설기 가운데에 미니 실리콘 몰드에 찐 설기를 올려요. 늙은호박설기 가장자리에서 2cm 안쪽에 두꺼운 링 모양으로 앙금을 두 번 짜요.

2 꽃가위를 사용하여 앙금 바깥쪽 라인에 작약을 한 송이 올려요. 이때 작약이 케이크의 바깥쪽을 향하도록 30도 기울여 올려요.

3 동일한 방법으로 작약과 리시안 셔스를 번갈아 올려 앙금 바깥쪽 라인을 채워요.

1
2	3

*tip*__
꽃이 설기 밖으로 살짝 삐져나오게 놓아야
예뻐요.

꽃은 같은 종류끼리 2~4개씩
나란히 붙여 올리면 더욱 풍성
하게 보이는 효과가 있어요.

4	
5	6
7	

4 설기 중심부에 앙금을 가득 짠 뒤 가장자리부터 동일한 방법으로 작약과 리시안셔스를
번갈아 올려요. 중심부로 갈수록 꽃이 점점 하늘을 향하도록 올려요.

5 설기 중심부에 작약과 리시안셔스 서너 송이를 겹쳐 올려 풍성하게 표현해요.

6 3번 팁을 사용해 꽃 사이사이에 봉오리를 짜 넣어요.

7 미리 만들어서 얼려둔 나뭇잎을 꽃 사이사이에 꽂아요.

고마운 이에게 진심을 표현하는 방법은 여러 가지가 있지요.
그중 꽃잎 한 겹 한 겹마다 감사하는 마음을 담아 피워낸
앙금플라워 떡케이크는 만든 사람과 받는 사람 모두에게
잊지 못할 추억을 선물해요.

5.

Thanks Flower Cake

고마운 이들에게 선물해요

THANKS CAKE

Beanpaste Flower

설기
대추설기

앙금플라워
카네이션

어레인지
리스 스타일

감사함을 듬뿍 담은
카네이션 리스 케이크

각종 행사와 축제가 가득한 5월은 그동안 감사했던 마음을 고이 담아 표현할 수 있는 달이지요. 그래서인지 앙금플라워 떡케이크를 찾는 사람들이 가장 많은 달이기도 해요. 가정의 달을 대표하는 카네이션 케이크로 어버이날, 스승의 날에 진한 감동을 전해보세요.

카네이션
파이핑하기

준비 **preparation**

기둥
tip number : 12번
조색 : 흰색

꽃잎
tip number : 125k번
조색 : 살구색(비트 1 + 단호박 3)

1 12번 팁을 네일 위에 수직으로 세
   워 잡은 뒤 지름 2cm, 높이 2.5cm
   크기의 기둥을 만들어요.

2 125k번 팁의 굵은 부분을 기둥
   중심부에 살짝 박고 70도로 세
   워 잡아요. 이때 팁의 얇은 부분
   은 2시 방향을 봅니다.

1
2

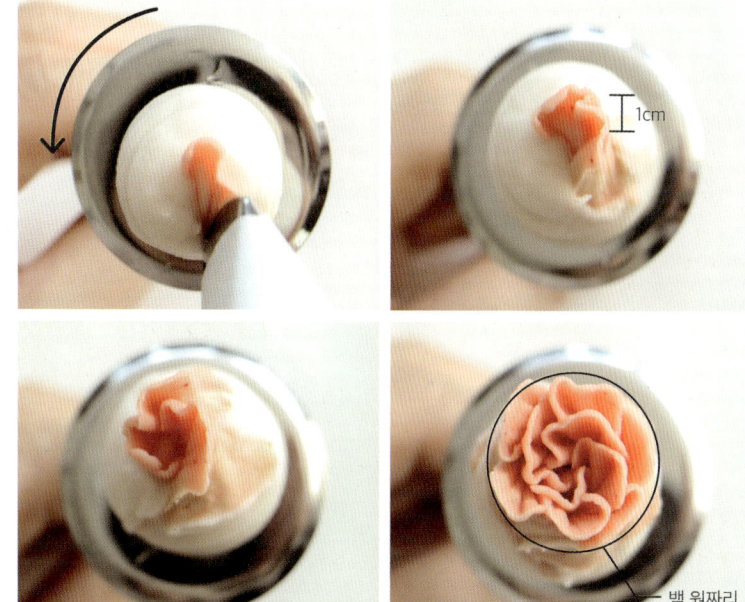

*tip*__
팁을 위아래로 움직일 때는 힘
주어 천천히 흔들어야 주름이
잘 잡혀요.

*tip*__
꽃의 중심부를 기준으로 빙글
빙글 돌아가는 모양이 되게 만
들어요.

3	4
5	6

1cm

백 원짜리
동전 크기

3 왼손으로 네일을 반시계 방향으로 돌리며 일정한 힘으로 앙금을 짜요. 이때 카네이션 꽃
잎 특유의 섬세한 주름을 표현하기 위해 팁을 위아래로 흔들어요.

4 위에서 본 꽃잎의 길이가 1cm 정도가 되었을 때 손에 힘을 빼면서 아래쪽으로 팁을 가볍
게 슥 내려 첫 번째 잎을 완성해요.

5 두 번째 잎은 첫 번째 잎의 가운데 안쪽에서 시작해 같은 방법으로 만들어요.

6 동일한 방법으로 빈틈없이 밀착하여 8개의 꽃잎을 만들어요. 위에서 보았을 때 지름
2cm 정도의 백 원짜리 동전 크기가 되면 알맞아요.

7
8
9 10

tip___
큰 주름을 만들 때 물음표를 그린
다고 생각하면 짜기 쉬워요.

눕히기

세우기

❶

❷

7 카네이션의 주름진 바깥쪽 꽃잎을 만들 차례예요. 팁의 끝부분 전체를 꽃잎 옆에 붙여
   세워 잡아요.

8 왼손으로 네일을 천천히 반시계 방향으로 돌리며 일정한 힘으로 앙금을 짜요. 이때 팁의
   얇은 부분만 오른쪽으로 눕혔다가 다시 세워 큰 주름을 만들어요.

9 큰 주름을 두 번 만든 뒤 손에 힘을 빼며 아래쪽으로 팁을 가볍게 슥 내려요.

10 동일한 방법으로 4개의 꽃잎을 더 만들어요. 큰 크기의 카네이션을 원한다면 같은 방법
   으로 더 만들어요.

둘레
1/4
크기

11
12

11 원하는 꽃의 크기만큼 꽃잎을 만들었다면 낮은 높이로 바깥쪽 꽃잎을 한 번 더 짜요. 팁
의 굵은 부분을 앞서 만든 꽃잎 높이의 1/2 지점에 살짝 박고 10도로 세워 잡아요. 이때
팁의 얇은 부분은 2시 방향을 봅니다. 왼손으로 네일을 반시계 방향으로 돌리며 일정한
힘으로 앙금을 짜요. 주름을 표현하기 위해 팁의 얇은 부분을 위아래로 흔들어요.

12 카네이션 둘레의 1/4 정도를 감쌌을 때 손에 힘을 빼며 아래쪽으로 팁을 가볍게 내려요.
같은 방법으로 3개의 꽃잎을 더 만들어요.

리스 스타일로
어레인지하기

준비 | preparation

대추설기 108p
지름 15cm, 높이 7cm
원형 무스링 2개

카네이션 196p
13개

나뭇잎 66p
22개

여분의 앙금

1 2개를 쌓아 올린 대추설기 가장
  자리에서 2cm 안쪽 위치에 두꺼
  운 링 모양으로 앙금을 짜요.
2 꽃가위를 사용하여 앙금 바깥쪽
  라인에 카네이션을 한 송이 올
  려요. 이때 카네이션이 케이크의
  바깥쪽을 향하도록 45도 기울여
  올려요.
3 카네이션의 양쪽에 동일한 방법
  으로 카네이션 두 송이를 나란히
  붙여 올려요.

1	2
3	

tip __

안쪽 라인에는 크기가 작은 꽃
을 놓아야 해요. 그래야 설기
중심부에 여유 공간이 생겨 리
스 모양이 잘 보인답니다.

4
5
6

4 앙금 안쪽 라인에도 카네이션 한 송이를 45도 기울여 올려요.

5 같은 방법으로 카네이션을 번갈아 올려 앙금 바깥쪽 라인과 안쪽 라인을 채워요. 이때
꽃 사이사이에 나뭇잎을 꽂을 수 있도록 너무 바짝 붙지 않게 올려요.

6 미리 만들어서 얼려둔 나뭇잎을 꽃 사이사이에 풍성하게 꽂아요.

THANKS
Beanpaste Flower
CAKE

설기

대추설기

앙금플라워

연꽃

연밥

작약

장미

어레인지

크레센트 스타일

어르신들에게 최고의 선물, 크레센트 케이크

어르신들께 인기 만점인 대추설기 위에 동양적인 감성을 한껏 느낄 수 있는 연꽃과 연밥을 올린 앙금플라워 케이크예요. 결혼 전 양가 부모님께 처음 인사를 드리는 자리에서 이 케이크가 한 몫 톡톡히 했다는 후기들이 쏟아지기도 했답니다. 꽃을 초승달 모양으로 어레인지해 애교 가득한 웃음이 케이크 위에 까르르 피어나는 듯해요.

연꽃
파이핑하기

준비 preparation

꽃잎
tip number : 123번
조색 : 연한 회색(청치자 1 + 코코아 1)

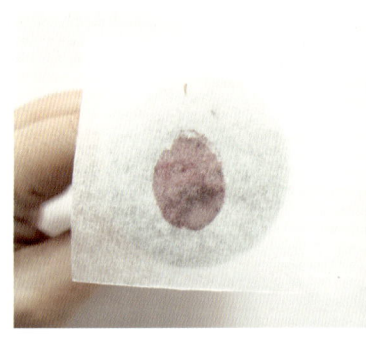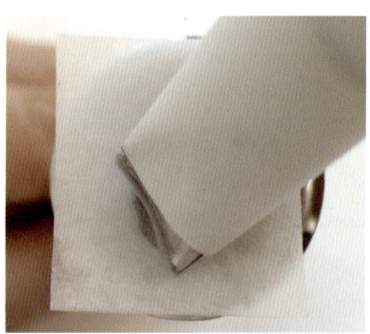

1 2

1 유산지를 네일보다 조금 크게 잘라요. 네일 위에 앙금을 살짝 짠 뒤 그 위에 유산지를 붙여요.

2 123번 팁의 굵은 부분을 네일에 대고 45도로 세워 잡아요. 이때 팁의 얇은 부분은 10시를 봅니다.

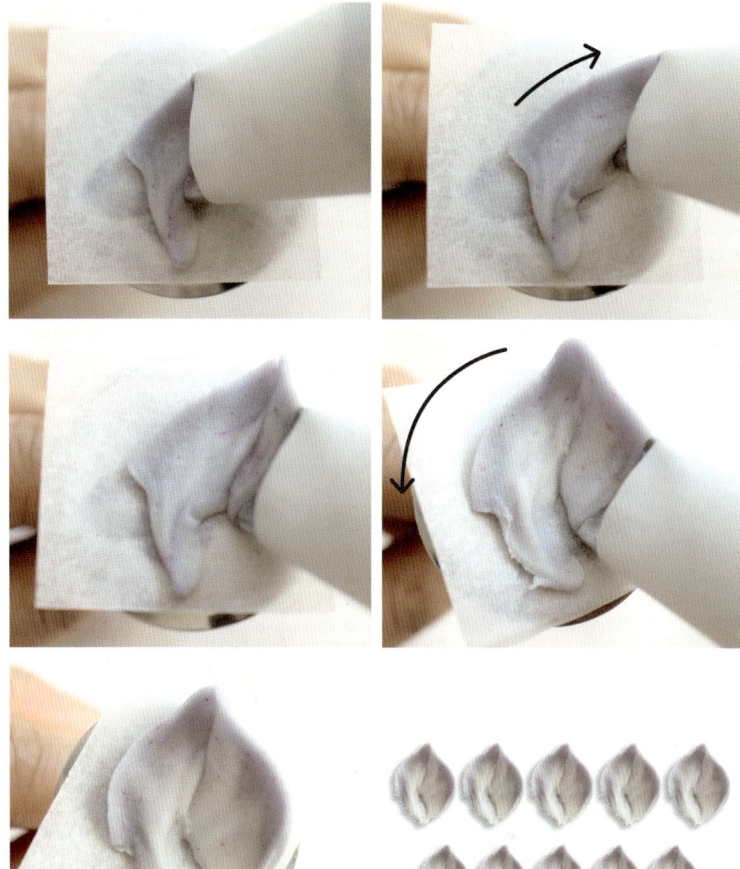

3	
4	
5	6

3 오른쪽 위로 팁을 이동시키며 일정한 힘으로 앙금을 짜요.

4 꽃잎의 가운데 부분에서 잠시 멈췄다가 팁을 내리는 순간에 조금 더 힘주어 앙금을 짜 뾰
족한 모양의 잎을 만들어요. 이때 왼손으로 네일을 반시계 방향으로 천천히 돌려 널찍한
잎을 표현해요.

5 손에 힘을 빼며 꽃의 중심부 쪽으로 팁을 가볍게 슥 내려 첫 번째 잎을 완성해요.

6 동일한 방법으로 큰 꽃잎은 4개, 작은 꽃잎은 5개 더 만들어요. 네일에서 유산지를 떼어
낸 다음 냉동실에 넣어 2시간 이상 얼려요. 꽃잎이 얼면 유산지를 떼어낸 뒤 사용해요.

연밥
파이핑하기

준비 **preparation**

기둥

tip number : 12번

조색 : 흰색

연밥

tip number : 6번

조색 : 진한 초록색(청치자 1 + 코코아 1 + 녹차 2)

바깥쪽 잎

tip number : 104번

조색 : 진한 초록색(청치자 1 + 녹차 2)

1 12번 팁을 네일 위에 수직으로 세워 잡은 뒤 지름 3cm, 높이 2cm 크기의 기둥을 만들어요.

2 6번 팁을 기둥 중심부에 수직으로 세워 잡고 1cm 정도 간격을 띄운 뒤 구슬 모양의 도트를 짜요.

1
2

3 4

5

3 같은 방법으로 도트를 밀착해 짜서 기둥 위를 가득 채운 연밥을 표현해요.

4 연밥을 둘러싼 바깥쪽 잎을 만들 차례예요. 104번 팁의 굵은 부분을 기둥 옆에 살짝 박고
70도로 세워 잡아요. 이때 팁의 얇은 부분은 1시 방향을 봅니다.

5 왼손으로 네일을 반시계 방향으로 한 바퀴 돌리면서 일정한 힘으로 앙금을 짜 연밥의 둘
레를 감싸는 잎을 만들어요. 이때 팁의 얇은 부분을 좌우로 흔들어 주름을 표현하고 높이
는 연밥보다 살짝 높게 만들어요.

크레센트 스타일로
어레인지하기

준비 | preparation

대추설기 108p
지름 15cm, 높이 7cm
원형 무스링 2개

연꽃 204p
2개(미리 얼려둔 꽃잎 18~20개)
수술 tip number : 2번
　　　조색 : 연한 회색(청치자 1 + 코코아 1)

연밥 206p
1개

작약 186p
7개

장미 154p
6개

나뭇잎 66p
10개

여분의 앙금

1 2개를 쌓아 올린 대추설기 가장
　자리에서 2cm 안쪽 위치에 초승
　달 모양으로 앙금을 짜요.
2 꽃가위로 앙금 가운데에 기준선
　을 만들어요.
3 꽃가위를 사용하여 기준선 양쪽
　에 작약 두 송이를 올려요. 이때
　작약이 케이크의 바깥쪽을 향하
　도록 45도 기울여 올려요.

1	2
3	

tip___

초승달의 전체적인 모양은 가운데가 높고 두껍게, 가장자리로 갈수록 낮고 얇아지게 만들어야 멋스러워요.

4	5
6	7
8	9

4 앙금 안쪽 라인의 가운데에 작약 한 송이를 45도 기울여 올려요.

5 동일한 방법으로 앙금의 바깥쪽 라인과 안쪽 라인에 작약과 장미를 번갈아 올려요.

6 앙금의 바깥쪽 라인과 안쪽 라인 사이에 작약과 장미를 올려 빈틈을 채워요. 앙금 끝부분에는 크기가 작은 장미와 연밥을 올려요.

7 앙금의 바깥쪽 라인과 안쪽 라인 사이에 앙금을 한 번 더 짠 뒤 미리 만들어서 얼려둔 연꽃 꽃잎을 꽂아요. 작은 꽃잎 4개를 살짝 겹쳐 모아 꽂고 바깥쪽에 큰 꽃잎 5개를 꽂아 연꽃 한 송이를 만들어요. 동일한 방법으로 앙금 끝부분에 연꽃을 더 만들어요.

8 2번 팁으로 연꽃의 중심부에 1cm 높이의 수술을 짜요. 시작할 때 힘주어 앙금을 짜다가 서서히 손에 힘을 빼며 긴 수술을 표현해요.

9 미리 만들어서 얼려둔 나뭇잎을 꽃 사이사이에 꽂아요.

THANKS
Beanpaste Flower
CAKE

설기
녹두설기

앙금플라워
자나장미
부바르디아
대국

어레인지
크레센트 스타일
스텐실 기법으로 메시지 새기기

세상에 단 하나뿐인 메시지 케이크

자나장미는 겹겹이 감싸진 꽃잎으로 이루어져 섬세함의 극치를 자랑해요. 한 겹 한 겹 생화보다 더 탐스럽게 피워낸 자나장미를 초승달 모양으로 올린 뒤 전하고 싶은 메시지를 새겨 보세요. 눈 깜짝할 사이에 세상에서 단 하나뿐인 케이크가 완성된답니다.

자나장미
파이핑하기

준비 *preparation*

기둥
tip number : 12번
조색 : 흰색

꽃잎
tip number : 120번
조색 : 빨간색(비트 2 + 단호박 3)

꽃받침
tip number : 120번
조색 : 연두색(녹차)

1 12번 팁을 네일 위에 수직으로 세워 잡은 뒤 지름 2.5cm, 높이 2cm 크기의 기둥을 만들어요.

2 120번 팁의 굵은 부분을 기둥 중심부에 살짝 박고 70도로 세워 잡아요. 이때 팁의 얇은 부분은 11시 방향을 봅니다. 일정한 힘으로 앙금을 짜면서 왼손으로 네일을 반시계 방향으로 한 바퀴 돌려 봉오리를 만들어요.

3 자나장미 특유의 얇고 섬세한 꽃잎을 만들 차례예요. 팁의 끝부분 전체를 봉오리 옆에 붙이고 45도로 세워 잡아요. 이때 팁의 얇은 부분은 11시 방향을 봅니다.

| 1 |
| 2 | 3 |

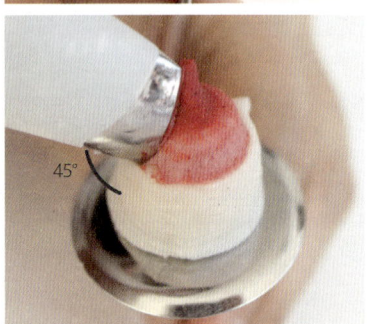

*tip*__
봉오리의 구멍이 작아야 꽃잎을 겹겹이 올렸을 때 자연스러워요.

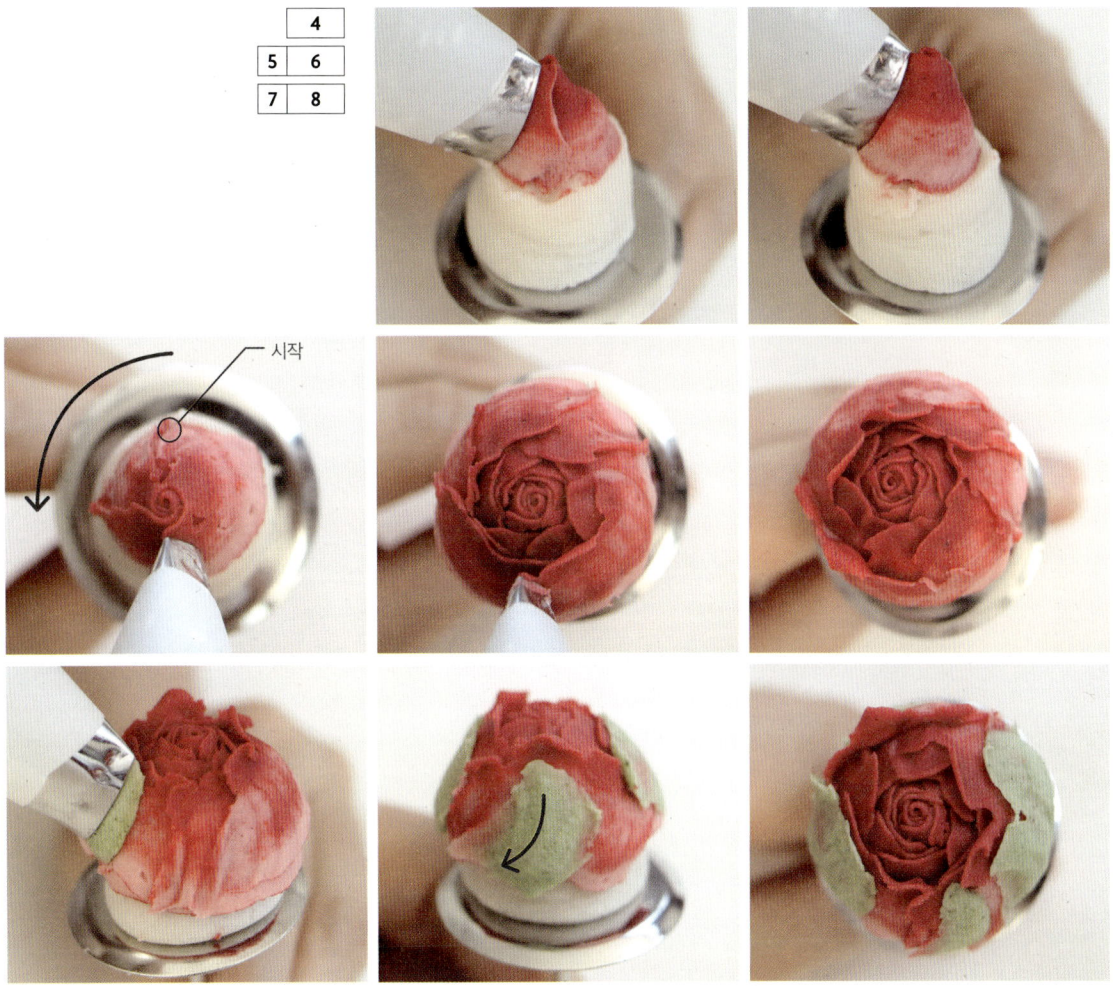

시작

tip__

팁을 봉오리에 바짝 붙이고
긁듯이 짜야 얇은 꽃잎이 표
현돼요.

4 일정한 힘으로 앙금을 짜면서 왼손으로 네일을 반시계 방향으로 천천히 돌려요. 봉오리 둘
레의 1/2 정도를 감쌌을 때 손에 힘을 빼고 아래쪽으로 팁을 내려 첫 번째 잎을 완성해요.

5 두 번째 잎은 첫 번째 잎이 끝난 지점에서 1/4 정도 떨어진 위치에서 같은 방법으로 만들
어요. 첫 번째 잎 둘레의 1/2 정도를 감쌌을 때 손에 힘을 빼고 팁을 아래쪽으로 내려요.

6 동일한 방법으로 15개의 꽃잎을 겹쳐 만들어요. 이때 바깥쪽으로 갈수록 꽃잎의 높이를
점점 낮춰가며 만드는 것이 중요해요.

7 자나장미의 꽃받침을 만들 차례예요. 120번 팁의 끝부분 전체를 꽃잎에 바짝 붙여 세워
잡아요. 이때 팁의 얇은 부분은 11시 방향을 봅니다.

8 팁을 왼쪽 아래로 이동시키며 긁듯이 얇게 짜서 4개의 꽃받침을 만들어요. 이때 꽃받침
사이사이에 조금씩 간격을 두고 만들어요.

부바르디아
파이핑하기

준비 *preparation*

기둥
tip number : 12번
조색 : 흰색

꽃잎
tip number : 353번
조색 : 흰색

수술
tip number : 1번
조색 : 갈색(코코아)

*tip*__
부바르디아는 보통 케이크 위에 바로 짜요. 작고 귀여운 부바르디아 여러 송이를 모아 놓으면 케이크의 완성도가 한층 올라간답니다.

1 2

1 12번 팁을 네일 위에 수직으로 세워 잡은 뒤 지름 1cm, 높이 1cm 크기의 작은 기둥을 만들어요.
2 353번 팁의 끝부분 전체를 기둥 위의 2/3 지점에 대고 45도로 세워 잡아요.

3
4
5

3 처음에는 힘주어 앙금을 짜다가 점점 손에 힘을 빼면서 끝을 뽑듯이 올려 짧고 뾰족한 모양의 첫 번째 잎을 완성해요.

4 동일한 방법으로 3개의 꽃잎을 더 만들어요.

5 1번 팁으로 꽃의 중심부에 1개의 도트를 찍어 수술을 표현해요.

크레센트 스타일로
어레인지하기

준비 **preparation**

녹두설기 86p
지름 15cm, 높이 7cm 원형 무스링 1개

자나장미 212p
13개

대국 180p
4개

부바르디아 214p
10개

나뭇잎 66p
15개

여분의 앙금

1 녹두설기 가장자리에서 2cm 안쪽 위치에 초승달 모양으로 앙금을 짜요.

2 꽃가위를 사용하여 앙금 가운데에 자나장미를 한 송이 올려요. 이때 자나장미가 케이크의 바깥쪽을 향하도록 45도 기울여 올려요.

3 자나장미의 양쪽에 동일한 방법으로 대국과 자나장미를 번갈아 올려 앙금 바깥쪽 라인을 채워요.

4 앙금 안쪽 라인의 가운데에 자나장미 한 송이를 45도 기울여 올려요. 같은 방법으로 자나장미 한 송이를 더 올려요.

1	2
3	4

1   2   3

4

* 스텐실 기법으로 메시지 새기기

재료 코코아파우더 2큰술, 슈가파우더 2큰술

1 볼에 코코아파우더와 슈가파우더를 넣고 주걱으로 골고루 섞어요.

2 녹두설기가 뜨거울 때 원하는 위치에 스텐실 아크릴판을 올려요.

3 체에 1을 담고 스텐실 아크릴판 위에서 살살 흔들어 뿌려요.

4 스텐실 아크릴판을 오른쪽부터 천천히 떼어내요.

tip__

앙금의 끝으로 갈수록 크기가 작
은 꽃을 놓아야 균형이 맞아요.

tip__

초승달의 전체적인 모양은 가운데
가 높고 두껍게, 가장자리로 갈수
록 낮고 얇아지게 만들어야 멋스
러워요.

5	6
7	

5 앙금의 끝부분에는 크기가 작은 자나장미를 올려요.

6 앙금의 바깥쪽 라인과 안쪽 라인 사이에 앙금을 한 번 더 짠 뒤 대국과 자나장미를 올려
빈틈을 채워요.

7 미리 만들어서 얼려둔 나뭇잎을 꽃 사이사이에 꽂아요. 부바르디아도 서너 송이 모아 꽃
사이사이에 올려요.

일상을 달콤한 빛으로 물들이는 고마운 이를 위하여
무한한 애정을 담아 앙금플라워 떡케이크를 만들어보세요.
꽃송이가 만개한 케이크 위로 완연한 사랑의 계절을 느낄 수 있어요.

6.

꽃잎마다 활짝 사랑이 피어나요

설기
초콜릿설기

앙금플라워
라넌큘러스

어레인지
크레센트 스타일

라넌큘러스 한 송이로 만드는
발렌타인 케이크

초콜릿으로 마음을 전하는 발렌타인데이를 맞아 숨겨 두었던
솜씨를 발휘해 보는 건 어떨까요. 다크초콜릿을 듬뿍 넣은 초
콜릿설기 위에 화사한 라넌큘러스를 한 송이 올리면 보자마자
심장이 쿵 떨어질 만큼 사랑스러운 케이크가 탄생해요. 머릿속
에 가득 맴도는 다정한 말들을 꽃송이에 담아 선물해보세요.

라넌큘러스
파이핑하기

준비 *preparation*

기둥
tip number : 12번
조색 : 흰색

꽃잎
tip number : 121번
조색 : 연한 분홍색(비트)

봉오리
tip number : 104번
조색 : 연한 초록색(클로렐라)

1 12번 팁을 네일 위에 수직으로 세워 잡은 뒤 지름 2.5cm, 높이 2cm 크기의 기둥을 만들어요.

2 104번 팁의 굵은 부분을 기둥 중심부에 살짝 박고 70도로 세워 잡아요. 이때 팁의 얇은 부분은 11시 방향을 봅니다.

3 앙금이 끊어지지 않을 만큼의 아주 약한 힘으로 앙금을 짜면서 왼손으로 네일을 반시계 방향으로 한 바퀴 돌려 봉오리를 만들어요. 시작점과 만날 때 조금 더 힘주어 앙금을 짜서 끝을 감싸는 모양으로 표현해요.

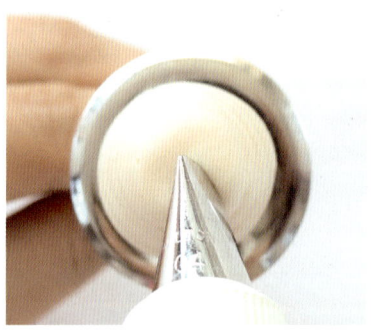

1	2
3	

tip__
봉오리의 구멍이 작아야 탐스러운 라넌큘러스를 표현할 수 있어요.

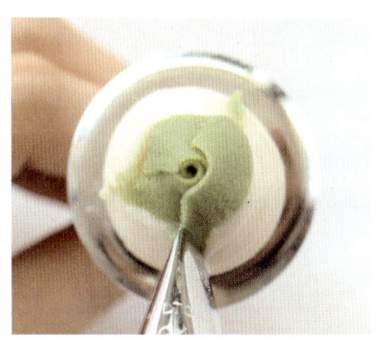

4 라넌큘러스의 연두색 잎을 여러 개 겹쳐 만들어 봉오리를 더 크게 표현해요. 팁의 끝부분 전체를 봉오리 옆에 붙이고 45도로 세워 잡아요. 팁의 얇은 부분은 11시 방향을 봅니다. 일정한 힘으로 앙금을 짜면서 왼손으로 네일을 반시계 방향으로 천천히 돌려요. 봉오리 둘레의 1/2를 감쌌을 때 손에 힘을 빼면서 아래쪽으로 팁을 내려 첫 번째 잎을 완성해요.

5 두 번째 잎은 첫 번째 잎의 가운데 위치에서 시작해 같은 방법으로 만들어요.

6 동일한 방법으로 8~10개의 꽃잎을 겹쳐 짜 봉오리를 완성해요. 이때 꽃잎의 높이는 같게 만들고 위에서 보았을 때 지름 1cm 정도가 되면 알맞아요.

7 8
9 10

*tip*__
바깥쪽으로 갈수록 꽃잎의 크기를
점점 크게 만들어요.

7 라넌큘러스의 꽃잎을 만들 차례예요. 121번 팁의 끝부분 전체를 수술에 대고 45도로 세워 잡아요. 이때 팁의 얇은 부분은 11시 방향을 봅니다. 일정한 힘으로 앙금을 짜면서 네일을 반시계 방향으로 천천히 돌려요.

8 꽃잎이 수술 둘레의 1/3 정도를 감쌌을 때 손에 힘을 빼면서 아래쪽으로 팁을 내려 첫 번째 잎을 완성해요.

9 두 번째 잎은 첫 번째 잎의 가운데 위치에서 시작해 같은 방법으로 만들어요. 이때 팁을 꽃잎에 바짝 붙여 굵듯이 짜요. 동일한 방법으로 4개의 꽃잎을 더 만들어요.

10 위에서 보았을 때 지름 3cm 정도가 될 때까지 5개의 꽃잎을 겹쳐 덜 핀 모양의 꽃잎을 만들어 나가요. 이때 5개의 꽃잎으로 앞서 만든 꽃잎들의 둘레를 완전히 감싸야 해요.

tip___
옆에서 보았을 때 U자를 거꾸
로 엎어놓은 아치형 모양이면
좋아요.

11 12
13

6cm

11 라넌큘러스의 활짝 핀 꽃잎을 만들 차례예요. 팁의 굵은 부분을 네일에 대고 10도로 세
워 잡아요. 팁을 위쪽으로 이동시키며 일정한 힘으로 앙금을 짜요. 꽃잎의 가운데 부분
에서 팁을 살짝 왼쪽으로 돌려 동그란 모양의 잎을 만들고, 손에 힘을 빼면서 아래쪽으
로 내려요.

12 같은 방법으로 4개의 꽃잎을 겹쳐 만들어요.

13 위에서 보았을 때 지름이 6cm 정도가 될 때까지 동일한 방법으로 꽃잎을 겹쳐 만들어
요. 이때 꽃의 중심부에서 바깥쪽으로 갈수록 팁의 얇은 부분을 점점 오른쪽으로 눕히
고 조금씩 높게 짜야 라넌큘러스 특유의 활짝 핀 잎 모양을 표현할 수 있어요.

크레센트 스타일로
어레인지하기

준비 preparation

초콜릿설기 112p
지름 15cm, 높이 7cm
원형 무스링 2개

라넌큘러스 222p
1개

꽃잎
tip number : 123번
조색 : 연한 분홍색(비트)

앙금아이싱
앙금 1¾컵(350g), 물 1큰술

1 볼에 앙금과 물을 넣고 주걱으로
  잘 섞어 초콜릿설기의 옆면을 아
  이싱할 앙금을 만들어요.
2 돌림판 위에 2개의 초콜릿설기
  를 쌓아 올린 케이크 판을 올려
  요. 스패튤라를 케이크 판과 수
  직이 되도록 잡고 왼손으로 돌림
  판을 돌려 설기의 옆면을 아이
  싱해요. 이때 스패튤라의 끝으로
  케이크 판을 긁으면서 발라야 설
  기의 아랫부분까지 앙금이 빠짐
  없이 발려요.

1

2

*tip*__

네일 위에 앙금을 살짝 짜고 그 위
에 꽃잎을 만들면 꽃가위로 떼어
낼 때 잎 모양이 망가지지 않아요.

3	4
5	6
7	

3 꽃가위를 사용하여 설기 가장자리에 라넌큘러스를 한 송이 올려요.

4 123번 팁으로 네일 중심부에 앙금을 살짝 짜서 얇은 꽃잎을 만들어요.

5 123번 팁의 굵은 부분을 앞서 만든 꽃잎 가운데 부분에 대고 45도로 세워 잡아요. 이때
팁의 얇은 부분은 11시를 봅니다.

6 팁의 얇은 부분을 들어올리며 위아래로 흔들어 짜서 주름진 모양의 잎을 만들어요. 손에
힘을 빼며 꽃잎의 중심부 쪽으로 팁을 가볍게 슥 내려 1개의 꽃잎을 완성해요. 동일한 방
법으로 10개의 꽃잎을 만들어요.

7 꽃가위를 사용하여 라넌큘러스 주변에 꽃잎을 올려요.

설기
백설기

앙금플라워
앙금오브제 수국

어레인지
앙금커버링 스타일

손수 빚어 만드는
앙금오브제 수국 케이크

앙금오브제 기법은 특별한 테크닉이 없어도 손쉽게 얇고 섬세한 앙금플라워를 만들 수 있어 배우려는 사람들이 점점 많아지고 있어요. 조금 특별한 프로포즈를 준비하고 있다면 주목하세요. 케이크 위로 쏟아져 내린 앙금오브제 수국으로 가슴 속의 애틋함을 고스란히 전할 수 있어요.

앙금 반죽
만들기

준비 preparation

앙금
1½컵(300g)

건식 멥쌀가루
½컵(100g)

건식 찹쌀가루
2큰술(30g)

박력분
2큰술(30g)

쇼트닝이나 오일 약간
갈색 식용색소 약간

1 볼에 앙금, 건식 멥쌀가루, 건식
　찹쌀가루, 박력분을 넣어요.
2 떡장갑을 낀 손으로 골고루 섞어
　반죽을 만들어요.

1

2

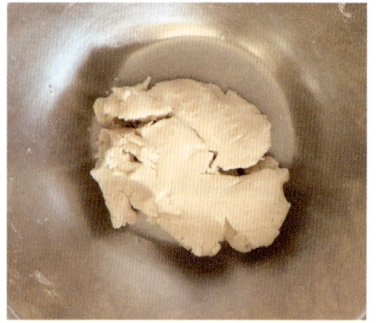

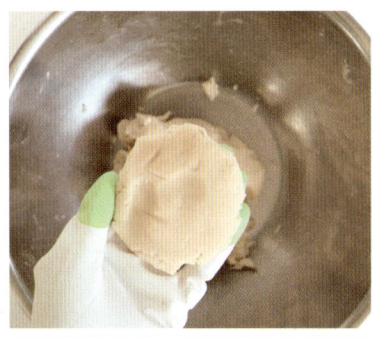

tip__

실리콘 매트와 떡장갑에 쇼트
닝이나 오일을 묻힌 후 반죽을
치대야 바닥에 달라붙지 않고
매끄러운 반죽이 돼요.

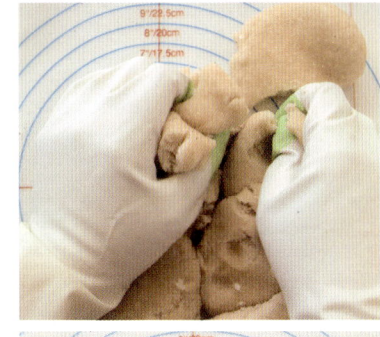

tip__

만들어놓은 반죽은 밀폐 용기
에 넣어 냉동실에 보관해요. 냉
동 보관한 반죽은 밀봉한 상태
로 전자레인지에 1분 정도 돌
려 사용해요.

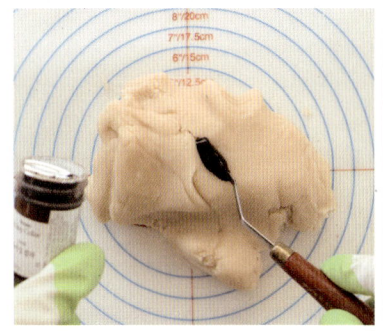

3 한 주먹 크기로 떼어낸 반죽을 동글납작하게 빚어 시루밑을 깐 찜기에 넣어요. 물이 팔팔 끓은 물솥 위에 찜기를 얹고 20분 동안 쪄요.

4 쇼트닝이나 오일을 바른 실리콘 매트에 찐 반죽을 놓고 떡장갑을 낀 손으로 골고루 치대요.

5 갈색 식용색소를 넣고 다시 골고루 치대 반죽을 완성해요. 이때 천연가루를 넣으면 너무 되직해지기 때문에 식용색소를 넣는 것을 추천해요.

앙금오브제 수국
만들기

준비 preparation

꽃잎 반죽 230p
노란색 식용색소를 섞은
앙금 반죽 1½컵(300g)

수술 반죽 230p
갈색 식용색소를 섞은
앙금 반죽 1컵(200g)

1 노란색 식용색소를 섞은 앙금 반죽을 밀대로 0.2cm 두께가 되도록 밀어요.

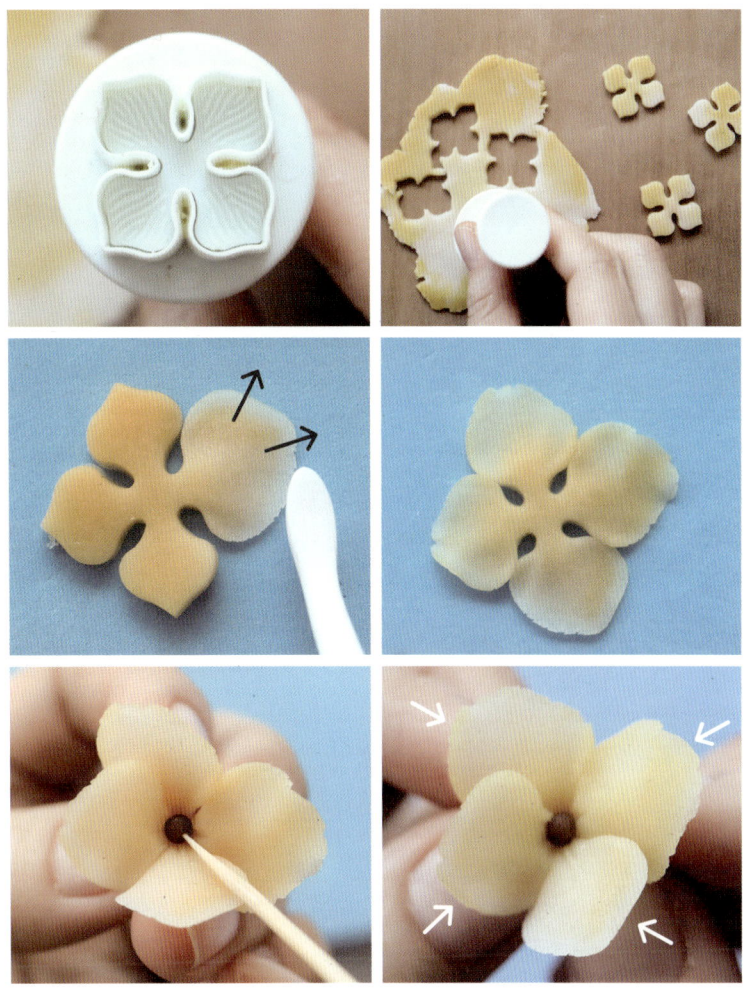

2 수국 모양의 커터로 앙금 반죽을 찍어 수국을 만들어요. 분량의 앙금 반죽으로 수국을
   24개 정도 찍어낼 수 있어요.

3 실리콘 매트 위에 수국을 올리고 마지팬을 사용해 꽃잎의 가장자리를 얇고 넓게 펼쳐요.
   이때 바깥쪽으로 갈수록 얇아지는 꽃잎을 표현해요.

4 갈색 식용색소를 섞은 앙금 반죽을 아주 작은 구슬 모양으로 빚어 꽃의 중심부에 올려요.
   이때 물을 살짝 묻혀 붙이면 쉽게 고정돼요.

5 양손의 엄지와 검지로 꽃잎 뒤쪽을 눌러 중심부로 살짝 모아진 꽃 모양을 만들어요.

앙금커버링 스타일로
어레인지하기

준비 preparation

백설기 74p
지름 12cm, 높이 7cm
원형 무스링 2개

앙금오브제 수국 232p
24개

갈색 식용색소를 섞은 앙금 반죽 230p
1컵(200g)

1 테프론 시트를 깐 실리콘 매트 한 가운데에 앙금 반죽을 놓아요.
2 밀대를 사용하여 지름 25cm, 두께 0.3cm가 되도록 앙금 반죽을 균일하게 밀어요.
3 앙금 반죽의 가운데 지점이 백설기 중심부에 오도록 실리콘 매트째 들어 백설기 위로 덮어요.

1	2
3	

4 실리콘 매트를 떼어낸 뒤 앙금 반죽의 가장자리에 약간의 여유를 남기고 스패튤라로 앙금 반죽을 잘라내요. 이때 스패튤라 대신 스크래퍼를 사용해도 좋아요.

5 손바닥으로 설기의 옆면을 감싸듯이 눌러 앙금 반죽이 설기에 밀착되게 해요.

6 마지팬을 사용하여 앙금 반죽의 끝을 설기 아래로 밀어 넣어 깔끔하게 정리해요.

7 앙금 반죽 위에 물을 살짝 묻힌 수국을 올린 뒤 마지팬으로 살짝 눌러 고정시켜요.

8 설기의 한쪽 면에만 수국을 흘러내리듯이 올려 자연스러운 분위기를 연출해요. 케이크 판에도 수국을 여러 송이 올려 놓으면 더욱 아름답게 표현할 수 있어요.

LOVE
CAKE

Beanpaste Flower

설기
백설기

앙금플라워
클레마티스
라벤더

어레인지
도일리 스타일

로맨틱한 무드를 연출하는 앙금도일리 케이크

두 사람이 만나 함께해온 시간을 기념하는 뜻깊은 날에 참 잘 어울리는 스페셜한 케이크를 소개할게요. 설기 옆면을 레이스 모양의 도일리로 장식해 로맨틱한 무드가 한껏 살아났어요. 먹을 수 있는 앙금도일리로 감싼 케이크에 사랑하는 사람과의 에피소드를 차곡차곡 담아보세요. 시간이 지날수록 한없이 커져가는 마음을 도일리 울타리가 오래도록 지켜줄 거예요.

클레마티스
파이핑하기

꽃잎
tip number : 125번
조색 : 빨간색(비트)

큰 수술
tip number : 5번
조색 : 연두색(녹차)

작은 수술
tip number : 13번
조색 : 흰색

1 유산지를 네일보다 조금 크게 잘
  라요. 네일 위에 앙금을 살짝 짠
  뒤 그 위에 유산지를 붙여요.
2 125번 팁의 굵은 부분을 네일에
  대고 45도로 세워 잡아요. 이때
  팁의 얇은 부분은 12시를 봅니다.
3 오른쪽 위로 팁을 이동시키며 일
  정한 힘으로 앙금을 짜요.

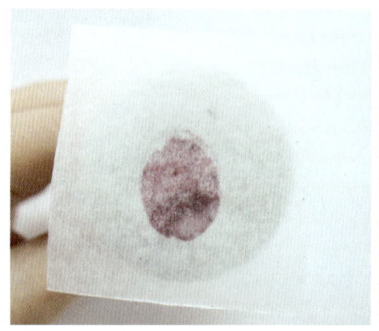
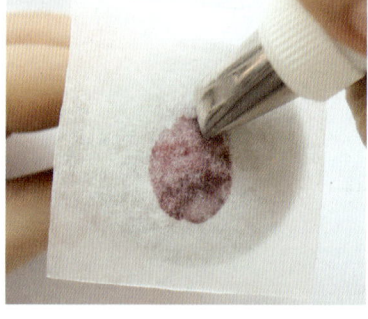

1	2
3	

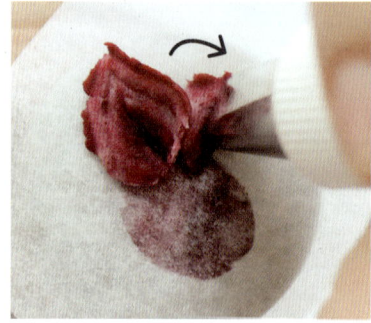

tip__

팁을 내릴 때 네일을 반시계 방
향으로 살짝 돌리면 통통한 잎
모양을 표현할 수 있어요.

tip__

꽃이 완성되면 네일에서 유산
지를 떼어낸 다음 냉동실에 넣
어 2시간 이상 얼려요. 꽃이 얼
면 손으로 유산지를 떼어낸 뒤
사용해요.

4	
5	6
7	

4 꽃잎의 가운데 부분에서 잠시 멈췄다가 팁을 내리는 순간에 조금 더 힘주어 앙금을 짜 뾰
   족한 모양의 잎을 만들어요. 손에 힘을 빼며 꽃의 중심 쪽으로 팁을 가볍게 슥 내려 꽃잎
   을 완성해요.

5 동일한 방법으로 4개의 꽃잎을 더 만들어요.

6 5번 팁으로 꽃의 중심부에 도트를 짜서 큰 수술을 표현해요.

7 13번 팁으로 큰 수술 주변에 도트를 콕콕 찍듯이 짜서 작은 수술을 만들어요.

도일리 스타일로
어레인지하기

백설기 74p
지름 15cm, 높이 7cm
원형 무스링 2개

클레마티스 238p
8개

라벤더
tip number : 13번
조색 : 흰색

앙금아이싱
앙금 1¾컵(350g), 물 1큰술

앙금도일리

1 볼에 앙금과 물을 넣고 주걱으로 잘 섞어 백설기의 겉면을 아이싱할 앙금을 만들어요.

2 돌림판 위에 2개의 백설기를 쌓아 올린 케이크 판을 올려요. 물과 섞은 앙금을 설기 위에
   올린 뒤 스패튤라를 바닥과 수평이 되도록 눕혀 잡아요.

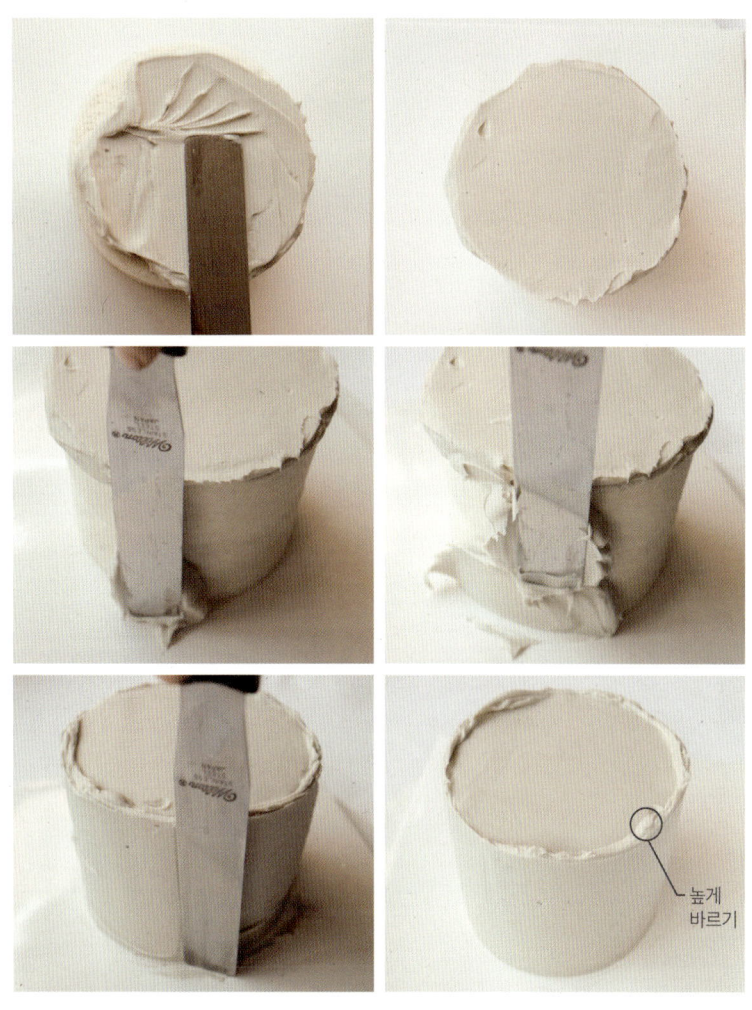

높게
바르기

3 앙금을 0.5cm 두께로 넓게 펼쳐 발라요.

4 스패튤라를 케이크 판과 수직이 되도록 세워 잡고 왼손으로 돌림판을 돌려 설기의 옆면 을 아이싱해요. 이때 스패튤라의 끝으로 케이크 판을 긁으면서 발라야 설기의 아랫부분 에도 앙금이 빠짐없이 발려요.

5 설기의 윗면과 옆면이 만나는 가장자리 부분에 빈틈이 생기지 않도록 옆면의 앙금을 약 간 높게 올려 아이싱해요.

* 앙금도일리 만들기

재료 춘설앙금 4큰술(60g), 멥쌀가루 1¼큰술(17g), 슈가파우더 1/3큰술(5g)
물 1/4컵, 포도씨유 약간(2g)

1 볼에 춘설앙금, 멥쌀가루, 슈가파우더, 물을 넣고 주걱으로 섞어요.

2 물이 팔팔 끓은 물솥 위에 찜기를 얹고 1을 볼째 올려 20분 동안 쪄요.

3 찐 반죽을 꺼내 뜨거울 때 포도씨유를 넣고 주걱으로 잘 섞어요. 이때 원하는 색이 있다
면 식용색소를 추가로 넣어요.

4 실리콘 레이스 매트에 남은 포도씨유 소량을 붓에 묻혀 골고루 펴 발라요.

5 주걱을 사용해 레이스 모양 안으로 반죽을 꼼꼼하게 채워요.

6 스크래퍼로 레이스 모양 주변의 불필요한 반죽을 정리해요. 실온에서 5시간 이상 두어
반죽이 완전히 마르면 한쪽부터 천천히 떼어내요.

6
7

6 설기의 가장자리를 스패튤라로 스치듯이 눌러 정리해요. 스패튤라의 위치를 고정한 상태
에서 돌림판을 한 바퀴 이상 빠르게 돌리면 매끄럽게 정리돼요.

7 아이싱을 마치고 촉촉한 상태일 때 미리 만들어둔 앙금도일리를 설기 옆면에 둘러요.
한 번 붙이면 다시 뗄 수 없으니 위치를 잘 맞춰 붙여요.

8 설기 가장자리 안쪽에 미리 만들어서 얼려둔 클레마티스를 리스 모양으로 올려요.

모임이 더욱 풍성해져요

Party Flower Cake

오랜만에 보는 반가운 얼굴들이 하나둘 모였나요?
어느 각도에서 봐도 완벽한 앙금플라워 떡케이크로
함께하는 자리를 더욱 빛내보세요.

설기
모카설기

앙금플라워
미니 선인장

어레인지
미니 케이크 스타일

티파티에 제격,
깜찍한 미니 선인장 케이크

작고 앙증맞아 한 번 더 눈길이 가는 미니 선인장 케이크예요.
파티할 때 핑거푸드로 하나씩 집어 먹기에 딱 좋지요. 모카설
기 위에 모카크럼블을 올려 더욱 진해진 커피 향기가 식욕을
돋워요. 배불러도 자꾸만 집어 먹게 되는 한 입 쏙쏙 미니 선인
장 케이크의 매력에 푹 빠져보세요.

미니 선인장
파이핑하기

준비 preparation

기둥

tip number : 12번

조색 : 흰색

미니 선인장 1

tip number : 104번, 1번

조색 : 진한 초록색(청치자 1 + 클로렐라 2)

미니 선인장 2

tip number : 18번

조색 : 진한 초록색(청치자 1 + 클로렐라 1)

미니 선인장 3

tip number : 103번

조색 : 살구색(비트 1 + 단호박 4)

tip__

선인장을 만들 때 가장 많이 사용하는 세 가지 파이핑 기법을 소개할게요. 똑같은 기법으로 팁만 다른 모양으로 갈아 끼워 짜면 새로운 모양의 선인장을 만들 수 있어요. 팁의 종류뿐만 아니라 조색과 크기에도 변화를 주어 다양한 미니 선인장을 만들어보세요.

미니 선인장 1 만들기

---

tip__

시작할 때 힘주어 앙금을 짜다가 서서히 손에 힘을 빼면 위로 갈수록 좁아지는 고깔 모양이 돼요.

1 | 2

1 12번 팁을 네일 위에 수직으로 세워 잡은 뒤 지름 2cm, 높이 2cm 크기의 고깔 모양 기둥을 만들어요.

2 104번 팁의 끝부분 전체를 기둥의 중심부에 대요. 이때 팁의 얇은 부분은 12시 방향을 봅니다.

간격 점점 넓게

3	
4	**5**
6	

3 팁을 아래쪽으로 이동시키며 점점 힘주어 짜 물방울 모양의 첫 번째 줄기를 완성해요. 이
때 팁을 좌우로 미세하게 흔들어 선인장의 섬세한 주름을 표현해요.

4 기둥 중심부를 기준으로 동서남북 방향에 같은 방법으로 4개의 줄기를 만들어요.

5 4개의 줄기 사이사이에 동일한 방법으로 짜서 8개의 줄기를 만들어요. 이때 네일을 돌리
면 줄기가 비뚤어지므로 팁만 움직여 짜요.

6 1번 팁으로 줄기 가운데 부분에 도트를 촘촘하게 찍어 선인장의 가시를 표현해요. 아래
쪽으로 갈수록 도트 사이의 간격을 넓게 만들면 자연스러워요.

미니 선인장 2 만들기

1 12번 팁을 네일 위에 수직으로 세워 잡은 뒤 지름 1.5cm, 높이 2cm 크기의 고깔 모양 기둥을 만들어요.

2 18번 팁을 기둥 위에 수직으로 세워 잡고 살짝 앙금을 짜요. 높이 1cm 정도가 되었을 때 팁을 뽑듯이 위로 올려 상투 모양의 첫 번째 줄기를 완성해요.

3 동일한 방법으로 줄기를 짜서 기둥 위를 가득 채워요. 이때 선인장의 중심부에서 바깥쪽으로 갈수록 팁을 점점 오른쪽으로 눕혀 짜요.

미니 선인장 3 만들기

1 | 2
3 | 4

1 12번 팁을 네일 위에 수직으로 세워 잡은 뒤 지름 2.5cm, 높이 1cm 크기의 넓고 납작한 기둥을 만들어요.

2 103번 팁의 굵은 부분을 기둥 중심부에 대고 45도로 세워 잡아요. 이때 팁의 얇은 부분은 1시를 봅니다.

3 오른쪽으로 팁을 이동시키며 일정한 힘으로 앙금을 짜요.

4 줄기 가운데 부분에서 잠시 멈췄다가 팁을 내리는 순간에 조금 더 힘주어 앙금을 짜 뾰족한 모양의 줄기를 만들어요.

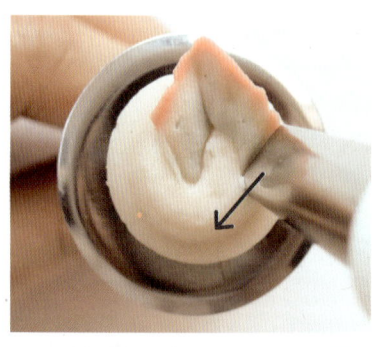

5
6 7

5 손에 힘을 빼며 줄기의 중심부를 향해 팁을 가볍게 쓱 내려 첫 번째 줄기를 완성해요.

6 동일한 방법으로 3개의 줄기를 만들어요.

7 앞서 만든 줄기 안쪽의 사이사이에 같은 방법으로 3개의 줄기를 만들어요.

미니 케이크 스타일로
어레인지하기

준비 preparation

미니 모카설기 116p
지름 18cm, 높이 5cm 사각무스링의 1/9 크기

미니 선인장 248p
17개

모카크럼블 119p
1컵

여분의 갈색 앙금

tip__
설기를 찔 때 무스링에 멥쌀가루를 담은 상태에서 칼금을 가로로 두 번, 세로로 두 번 새
기면 미니 설기 9개를 만들 수 있어요. 칼금 새기는 방법은 107p를 참고해요.

1 스패튤라를 사용하여 미니 모카
   설기 위에 앙금을 얇게 발라요.
2 설기 중심부에 크기가 큰 미니 선
   인장을 한 송이 올려요. 크기가
   작은 미니 선인장은 여러 송이를
   풍성하게 모아 올려요.
3 선인장 주변에 모카크럼블을 뿌
   려 설기 윗면의 빈틈을 채워요.

1	2
3	

설기
얼그레이설기

앙금플라워
목화
아티초크
라넌큘러스

어레인지
센터피스 스타일

감각적인 테이블을 만드는
양초 모양 센터피스 케이크

겨울이 되면 크리스마스와 연말연시를 비롯해 여럿이 모이는 자리가 참 많지요. 이때 테이블에 멋스러움을 더해 줄 양초 모양 센터피스 케이크를 올려보세요. 센터피스 스타일은 마치 커다란 양초 둘레에 리스를 엮은 듯한 모양이 특징이랍니다. 여기에 보기만 해도 포근한 감성이 느껴지는 목화로 장식하면 모던하면서도 우아한 분위기가 연출돼요.

목화
파이핑하기

준비 preparation

기둥, 꽃잎
tip number : 12번
조색 : 흰색

꽃받침
tip number : 350번
조색 : 갈색(코코아)

1 12번 팁을 네일 위에 수직으로
  세워 잡은 뒤 지름 2.5cm, 높이
  1cm 크기의 넓고 납작한 기둥을
  만들어요.

2 기둥의 1/3 지점에서 팁을 45도
  로 세워 잡고 1cm 정도 거리를
  둔 뒤 앙금을 쏘듯이 짜서 동그
  란 구슬 모양의 첫 번째 잎을 만
  들어요.

1

2

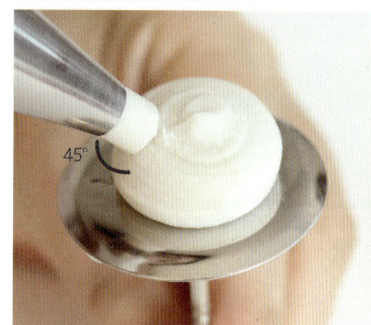

3	4
5	6
	7

tip__
꽃잎과 꽃잎 사이를 긁듯이 짜요.

3 손에 힘을 빼고 네일에 닿을 때까지 팁을 내려요.

4 두 번째 잎은 첫 번째 잎의 바로 옆에 같은 방법으로 만들어요.

5 동일한 방법으로 3개의 꽃잎을 더 만들어요.

6 목화의 꽃받침을 만들 차례예요. 350번 팁의 끝부분을 꽃잎과 꽃잎 사이에 끼운 뒤 45도
　로 세워 잡아요. 팁을 위쪽으로 이동시키며 일정한 힘으로 앙금을 짜 첫 번째 꽃받침을
　만들어요.

7 같은 방법으로 5개의 꽃받침을 만들어요.

아티초크
파이핑하기

기둥

tip number : 12번

조색 : 흰색

꽃잎

tip number : 61번

조색 : 초록색(클로렐라)

민트색(청치자 1 + 클로렐라 1)

1 12번 팁을 네일 위에 수직으로 세워 잡은 뒤 지름 2.5cm, 높이 5cm 크기의 고깔 모양 기둥을 만들어요.

2 61번 팁의 굵은 부분을 기둥 중심부에 살짝 박고 70도로 세워 잡아요. 이때 팁의 얇은 부분은 11시 방향을 봅니다.

3 아래쪽으로 팁을 이동시키며 1cm 정도의 짧은 잎을 만들어요. 손에 힘을 빼며 아래쪽으로 팁을 가볍게 슥 내려 첫 번째 잎을 완성해요.

1	
2	3

4 동일한 방법으로 5개의 꽃잎을 더 만들어요. 위에서 보았을 때 기둥 중심부로 꽃잎이 모인 것처럼 표현해요.

5 계속해서 같은 방법으로 기둥의 아랫부분을 채워 나가요. 앞서 만든 꽃잎 높이의 1/2 지점에서 시작해 꽃잎 사이사이에 동일한 방법으로 만들어요.

6 기둥의 아래쪽으로 갈수록 팁을 오른쪽으로 살짝 돌리며 짜 꽃잎의 크기를 조금씩 크게 만들어요. 이때 꽃잎 사이사이에 빈틈이 없도록 촘촘하게 짜요.

7 네일과 닿는 기둥의 가장 밑부분까지 같은 방법으로 꼼꼼하게 짜요.

센터피스 스타일로
어레인지하기

준비 | preparation

얼그레이설기 120p
지름 9cm, 높이 7cm
원형 무스링 2개

목화 256p
7개

아티초크 258p
9개

라넌큘러스 222p
5개

연밥 206p
3개

나뭇잎 66p
35개

여분의 앙금

1 2개의 얼그레이설기를 면적이 넓은 접시 위에 쌓아 올려요.
2 얼그레이설기에서 0.5cm 정도 떨어진 위치에 앙금을 짠 뒤 꽃 가위를 사용하여 라넌큘러스를 올려요.

1

2

3 동일한 방법으로 라넌큘러스 네 송이를 더 올려요.

4 꽃가위를 사용하여 라넌큘러스 주변에 아티초크와 연밥을 놓아요.

5 같은 방법으로 목화 일곱 송이를 올려요. 얼그레이설기 주변의 빈틈을 채운다는 생각으로 꽃 사이사이에 밀착해 올리면 좋아요.

6 미리 만들어서 얼려둔 나뭇잎을 꽃 사이사이에 꽂아요.

7 접시 위에도 나뭇잎을 올려 자연스러운 분위기를 연출해요.

설기
초콜릿설기

앙금플라워
자나장미

어레인지
리스 스타일

연말 분위기가 물씬,
가나슈 구겔호프 케이크

올해도 눈을 반짝이며 화이트 크리스마스를 기대하고 있을 귀여운 당신과 아주 잘 어울리는 케이크예요. 달콤 쌉싸름한 초콜릿설기 위에 가나슈를 올려 초콜릿의 진한 풍미가 한층 업그레이드됐어요. 케이크 위에는 붉은색의 자나장미와 나뭇잎을 아낌없이 올려 마치 만개한 장미 정원에 놀러 온 기분을 느낄 수 있답니다. 소중한 이들과 함께하는 시간이 더욱 행복해지는 마법을 가나슈 구겔호프 케이크로 느껴보세요.

리스 스타일로
어레인지하기

준비 preparation

초콜릿설기 112p
지름 15cm, 높이 7cm 구겔호프 틀 1개

자나장미 212p
9개

스노우베리 71p
11개

나뭇잎 66p
28개

가나슈
다크초콜릿 1/2컵, 생크림 1/2컵

1 볼에 뜨거운 물을 붓고 생크림과 다크초콜릿을 넣은 냄비를 올려 중탕해요. 초콜릿이 녹으면 주걱으로 잘 섞어 가나슈를 만들어요.
2 가나슈를 구겔호프 틀에 찐 초콜릿설기 윗면에 천천히 부어요.

1

2

3

4

3 가나슈가 마르기 전에 미리 만들어서 얼려둔 나뭇잎과 자나장미를 번갈아 올려 설기 윗
면을 빈틈없이 채워요. 이때 자나장미는 밑부분을 깔끔하게 정리한 뒤 올려요.

4 자나장미와 나뭇잎 사이사이에 스노우베리를 올려요.

설기
당근설기

앙금플라워
라넌큘러스
자나장미
프리지어
연꽃
부바르디아

어레인지
2단 케이크 스타일

최고의 순간을 함께할
2단 케이크

우리 인생에 찾아오는 수많은 순간 중 평생 간직하고 싶을 만큼 아름다운 장면이 누구에게나 있기 마련이지요. 앙금플라워에서도 유독 화려한 꽃만을 모아 화사함의 절정을 이룬 2단 케이크는 그 순간을 함께한 모든 사람에게 잊지 못할 추억을 선사해요. 특히 평생을 함께할 두 사람의 앞날을 2단 케이크로 축복해보세요. 신랑 신부의 사랑이 깃들어 더욱 핑크빛으로 물든 2단 케이크는 그저 바라보기만 해도 황홀한 기분이 들 거예요.

2단 케이크 스타일로
어레인지하기

준비 preparation

크림치즈 프로스팅으로 아이싱한 당근설기 94p
1단 : 지름 21cm, 높이 7cm 원형 무스링 크기
2단 : 지름 15cm, 높이 7cm 원형 무스링 크기

라넌큘러스 222p
10개

자나장미 212p
6개

프리지어 170p
7개

연꽃 204p
3개(미리 얼려둔 꽃잎 27개)
수술 tip number : 2번
    조색 : 연한 회색(청치자 1 + 코코아 1)

부바르디아 214p
6개

나뭇잎 66p
35개

여분의 앙금

*tip*__
2단 케이크는 2단의 윗면, 1단과 2단 사이, 접시의 세 부분에 꽃을 올려요. 이때 꽃을 많이
올리고 싶다면 1단과 2단 케이크의 크기 차이가 2호 이상이어야 해요. 완성한 다음 이동
할 경우도 생각해 2단 케이크 전용 상자를 구입하는 것을 추천해요.

1	2

1 1단용으로 만든 당근설기를 넓고 납작한 접시에 올려요.
2 스패튤라 2개를 사용하여 1단 설기 중심부에 2단용으로 만든 당근설기를 올려요.

3 | 4
5 | 6
7

3 2단 당근설기의 윗면은 블라썸 스타일로 어레인지해요. 설기 가장자리에서 2cm 안쪽에
돔 모양으로 앙금을 짜요.

4 꽃가위를 사용하여 앙금 바깥쪽 라인에 중간 크기의 라넌큘러스를 한 송이 올려요. 이때
라넌큘러스가 케이크의 바깥쪽을 향하도록 45도 기울여 올려요.

5 라넌큘러스 옆에 동일한 방법으로 작은 크기의 라넌큘러스와 자나로즈를 올려요.

6 화사한 느낌을 살리기 위해 앙금 가운데에 가장 큰 크기의 라넌큘러스를 놓아요.

7 같은 방법으로 라넌큘러스, 프리지어, 연꽃을 번갈아 올려 앙금 바깥쪽 라인을 채워요.
연꽃은 미리 만들어서 얼려둔 9개의 꽃잎을 앙금에 바로 꽂아 만들어요.

*tip*__

꽃은 다양한 크기로 만들어야 모아 올렸을 때 더욱 완성도 있게 표현돼요. 취향에 따라 앞에서 배운 다른 꽃을 추가로 올려도 좋아요.

8
9 | 10

8 2번 팁으로 연꽃의 중심부에 1cm 높이의 수술을 짜요. 시작할 때 힘주어 앙금을 짜다가 서서히 손에 힘을 빼며 긴 수술을 표현해요.

9 1단과 2단 사이를 어레인지할 차례예요. 꽃을 놓을 위치에 앙금을 짠 뒤 라넌큘러스 한 송이를 45도 기울여 올려요.

10 같은 방법으로 1단과 2단 사이의 세 군데에 일정한 간격을 두고 꽃을 모아 올려요. 작은 크기의 자나장미와 프리지어는 서너 송이, 큰 크기의 라넌큘러스는 한두 송이를 모아 올리면 어느 각도에서 보아도 예쁘답니다.